鉄道と電車の技術

最新メカニズムの基礎知識

広岡友紀

さくら舎

まえがき

鉄道の世界では、「よく耳にするけれど、いったい意味はナニ？」という言葉や概念がたくさん出てきます。相当の鉄道ファンであっても、「交流モーター」「ＶＶＶＦ制御」などという言葉を正しく説明できる人は、そうはいないでしょう。そこのポイントをまとめて解説したのが、本書です。

鉄道ファンだけでなく、それ以上だと自認する鉄道マニア、とくにメカニックに関心をお持ちの方には楽しんでいただけるはずですし、また鉄道全般に興味をお持ちの一般読者の方にも十分満足いただける内容になるよう構成しました。

また、鉄道事業会社ならではの企業風土などについてもふれました。京浜急行電鉄に見られるいわゆる「日野原哲学」や「丸山イズム」についても詳しく紹介しました。ここでは意外に発表されていない京急の〝真髄〟に迫っています。京急ファン必見のエピソードです。

さらには、私鉄（民鉄）・ＪＲの両面にわたり、各種の考察をしているのも特徴です。

その本質的な違いが企業風土の差としてもよくわかるはずです。

基本的な知識を身につけていただくとともに、鉄道知識の再確認に本書を役立ててください。なお付録として「基礎用語」の解説を加えてあります。

本書は、鉄道を「車両」の面から語った内容で、いわゆる鉄道エッセイや乗り歩きを記したものではありません。十分に手ごたえのある「知識ダイジェスト」、いわば〝鉄知〟を提供したつもりです。

とくに現在の鉄道のメカニズムは、かつての「機械工学」の世界から、「電子工学」の世界へシフトしつつあります。今ある鉄道メカニズム解説書がやや古びて見えてしまうのは、こうした〝最新事情〟にまで立ち入って記していないものが多いからでしょう。

そうした点からも最新の電車のメカニズムや車両・機器のハード面に対して、図解も多く加えて示していますので、初心者・中級者の方にも大いに参考になると思います。

二〇一三年五月吉日

広岡友紀《ひろおかゆき》

目　次

第1章　鉄道とレール
——運輸機関とレールの世界

第2章 電車の分類
――変わり種からオーソドックスなものまで

第3章 電車の記号表記
――JRと私鉄それぞれの呼称法

第4章

電車と電気の関係
——直流・交流、モーター、インバータ

第5章

制動のメカニズム
——ブレーキのシステム

第6章

電車の色彩学
——内装と外装

第7章

電車の快適学

——座席、騒音、室温

第8章

鉄道と信号

——ATO新時代の運転

第11章

進化する車両

――最新鉄道車両事情

第12章

鉄道橋梁の構造

――「鉄橋」にまつわる誤解と真実

第13章

鉄道工学用語の基礎知識

鉄道と電車の技術

——最新メカニズムの基礎知識

第1章

鉄道とレール

——運輸機関とレールの世界

鉄道の定義とレール――レールとブレーキの最前線

ひと口に「鉄道」と表現するが、その定義からまずは考えてみたい。

レールを敷いた線路上を汽車・電車などを走らせ、旅客・貨物を輸送する運輸機関。また、レールを敷いた線路。(『大辞林』第三版より)

これが一般的な定義であり、レールの上を車両が走るのが鉄道――だと思っている人も多いだろうが、実はレールのないものも存在している。

「ええ、そんな!」といわれそうだが、確かに〝レールがない鉄道〟は全国各地に存在する。それが「架空索道」である。

架空索道とはいわゆる「ロープウェイ」のことを指す用語であり、実はこれも鉄道に分類される。「架空鉄道」といういい方もあるくらいだ。

一般的な感覚ではロープウェイを鉄道とは思わないだろう。

モノレールも新交通システムも「ゴムタイヤ」で走る鉄道の一種だ。

ロープウェイ、モノレール、新交通システム（東京のゆりかもめ、西武山口線、横浜のシーサイドラインなど）を除くと、レールは存在するが札幌市交の地下鉄にもゴムタイヤで走る路線がある。

ひと口にレールといってもその種類は実に多く、おもに一メートルあたりの重さで区別があり、三七キログラム、五〇キログラム、六〇キログラムが一般的なもので、とくに五〇キログラムを標準と考えてよい。

重いレールほど走行性がよく、これを「重軌条」と呼ぶ。

さらに何本ものレールを溶接して二～三キロメートルを一本にしたものを「ロングレール」という。

乗り心地が向上するとともに、騒音も減少し、保守管理が容易になるメリットがある。電車に乗っていてガタンゴトンという音がしない区間がこのロングレール区間だ。小田急や西武にこのロングレール区間が多い。

そこで聞こえてくる音となると、車輪が転動する音、モーターの音、モーターの回転を車輪に伝達する駆動装置の歯車音となる。

レールに継ぎ目がないので、ガタンゴトンといった鉄道らしい音は聞こえない。また最近では、レール同士の継ぎ方に工夫がなされている。図1を見ていただきたい。

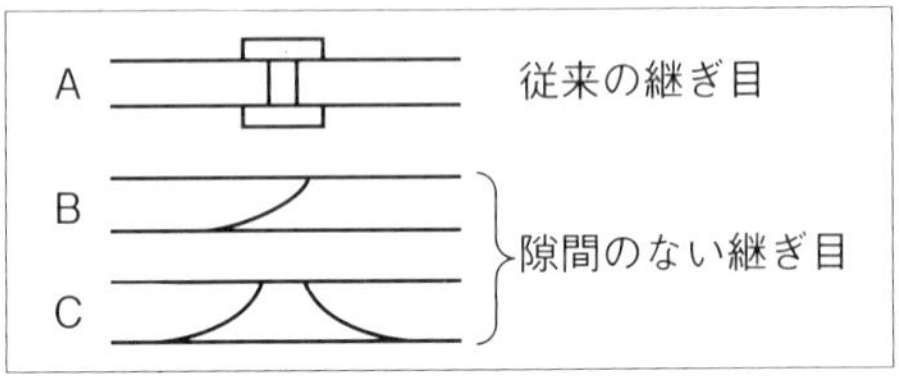

図1

それぞれの図は、レールの継ぎ目を上から見たところを示している。さらにレールと枕木とのあいだに防振パッドを入れて振動と騒音を軽減している。

この防振パッドとはゴム板でできているものである。

枕木も今ではＰＣコンクリートになっている。ＰＣとは「プレストレストコンクリート」といって、あらかじめ強化されたコンクリートのことだ。枕木ではなく、いわば「枕コンクリート」である。

これは半永久的に使え、火災の心配がない。実は従来では、枕木火災が意外に多くあったのである。

今の車両はブレーキに電気ブレーキ（発電ブレーキと回生ブレーキの総称——詳細後述）といって、いわば自動車の「エンジンブレーキ」のような作用で減速する。以前は高速回転する車輪を、制輪子またはブレーキシューと呼ばれるもので絞めつけて、物理的に減速させていた。そのため、車輪と制輪子が摩擦して火の粉が飛び、それで枕木を燃やすことがあった。

その制輪子も鋳鉄から合成レジン（樹脂）と呼ばれるものになっており、今は火の粉が出ない。そのかわり今度は摩擦熱でガスが発生する。東武８０００系などの電気ブレーキを持たない車両では、とくにレジンの焼けた匂いがする。

「軌間」の違い――日本では狭軌が主流

レールの幅を「軌間」（ゲージ）という。

日本では次の三種類がある。ナローゲージ（七六二ミリ）は除外して考える。

①一〇六七ミリ（狭軌）
②一三七二ミリ（偏軌）
③一四三五ミリ（標準軌）

新幹線を除くＪＲ全線と「大手私鉄（民鉄）」のうち次の各社が、狭軌である。

東武、東急、相鉄、小田急、西武、京王（井の頭線）、東京メトロ（銀座線、丸ノ内線以外）、名鉄、南海、近鉄（南大阪線）、西鉄。

偏軌は、京王（京王線）、東急（世田谷線）。ただ、東急世田谷線は鉄道ではなく軌道。

標準軌は、京急、京成、近鉄（南大阪線以外）、阪急、京阪、阪神、東京メトロ（銀座線、丸ノ内線）。

関西大手には標準軌が多い。逆にそれ以外の地域に狭軌が目立つ。

日本では標準軌を「広軌」と称する向きがあるが、これは正しい表現ではない。圧倒的に狭軌が多いのでそうした言い方が便宜的にされているにすぎないのである。

軌間というものは、広いほうが車両の走行安定性が当然のごとく高くなる。

改軌は至難のワザ

この軌間を変更することを「改軌」という。相互乗り入れのため、ということが多い。これを実際に行ったところは戦前の京浜電気鉄道（今の京急）が当時の東京市電へ乗り入れるために実施した例などがあるが、戦後は京成と近鉄にあるのみである（ＪＲを除く）。

京成では、京急および東京都交（東京都交通局）との相互乗り入れのため、一三七二ミリから一四三五ミリへ改軌している。

一方の近鉄は伊勢湾台風（昭和三四年〔一九五九〕）によって壊滅的な被害を受けた狭軌の名古屋線の復旧にあたって、一〇六七ミリを一四三五ミリに改めたことがある。これによって、従来の伊勢中川で乗り換えが必要だった名阪間が直通できるようになった。

改軌を行うには当然ながら一時的に当該区間を運休しなくてはできない。それが一番のネックになる。

京成の改軌は昭和三四年一〇～一一月に、近鉄は同じく昭和三四年一一月と偶然に重なっている。

現在、軌道線（東急世田谷線〔三軒茶屋～下高井戸〕、東京都交荒川線〔早稲田～三ノ輪橋〕など）を除き、一三七二ミリ軌間の鉄道は、京王線と、これに相互乗り入れする都交新宿線（新宿～本八幡）のみだ。

なお、この一三七二ミリという軌間を「東京ゲージ」ともいう。

京王が都交と相互乗り入れをするにあたって当時の運輸省（現在の国土交通省）が京王に対し一四三五ミリへの改軌を要請（実際には都交を経由）したが、運休区間が出る改軌工事はとにかく困難なため、都交が京王に軌間を合わせたのである。

京成では運休せずに、途中駅で乗り換えを繰り返すことで対応しているが、京王の例では、京成との年代の相違もあり、輸送事情からそれが不可能だからだ。

なお、京王と都交との相互乗り入れは昭和五五年（一九八〇）三月である。

これによって東京都交は三種の異なった軌間を抱えることになった。

・標準軌の浅草線〈西馬込〜押上〉――京成、京急などと相互乗り入れ路線
・狭軌の三田線〈目黒〜西高島平〔ただし目黒〜白金高輪は東京メトロ南北線と共用〕〉――東急と相互乗り入れ路線
・偏軌の新宿線〈新宿〜本八幡〉――京王と相互乗り入れ路線

一三七二ミリという軌間はもともと路面電車のものである。京成、京王は軌道、つまり路面電車的性格の路線でそもそも出発している。

その名残りとして現在、京王のみが大手私鉄の鉄道線として唯一の一三七二ミリ軌間になっている。

関東大手私鉄のルーツ――八社と東京メトロ

関東には東京メトロを除くと八社の大手私鉄がある。これを「生い立ち」で分けると次の通りである。

(1)蒸気鉄道として開業
東武鉄道㈱、相模鉄道㈱、西武鉄道㈱
(2)軌道として開業
京浜急行電鉄㈱、京成電鉄㈱、京王電鉄㈱
(3)高速電車として開業
小田急電鉄㈱、東京急行電鉄㈱

東京メトロは東京高速鉄道（渋谷～新橋）、東京地下鉄道（新橋～浅草）をルーツに帝都高速度交通営団として公営化され、「東京地下鉄㈱」として再度、民営化されている。

西武鉄道については、経歴が複雑で企業としてのルーツは現在のプリンスホテルに合併されたコクドの前身・箱根土地会社であり、その子会社として開業した多摩湖鉄道が最初だが、路線本位で見ると、現在の池袋線を開業した武蔵野鉄道なので、これをルーツとして分類した。

また東京急行電鉄の資本面でのルーツは目黒蒲田電鉄であり、純粋に高速電車ではないが、当初から軌道ではなく鉄道として電車運行をしている。

関東において開業時から本来の〝高速電車〟と呼べるのは、小田急電鉄だけである。

現在、京王電鉄井の頭線となっている旧帝都電鉄も高速電車で開業しているのだが、本来は小田急傘下にあったものを、戦後、京王傘下に改め、ここに京王帝都電鉄が誕生した。京成電鉄を除き、全社が陸上交通事業調整法という戦時法制の影響を受けている。

これに無縁だったものは、京成と次に述べる西の阪神のみである。

関西大手私鉄のルーツ ——蒸気鉄道と電気軌道で開業された事情

次いで、関西の大手私鉄のルーツを概観してみよう。

まず、「蒸気鉄道として開業」したものだが、実は南海電気鉄道、一社である。阪急電鉄、阪神電気鉄道、京阪電気鉄道、近畿日本鉄道の四社は、「軌道として開業」した。

関西大手私鉄はこのように現在の南海電気鉄道のルーツである阪堺鉄道が蒸気鉄道として開業した例を除くと、すべて電気軌道で開業している。ただ、軌道といっても、さまざまなケースがあり、たとえば阪急電鉄のルーツにあたる箕面有馬電気軌道などは実質的には軌道というより鉄道であった。

こうした例が関西には多く、許認可上の方便として軌道を名乗ったものと言えよう。これは官設鉄道と並行する地形上の特徴からくるもので、軌道条例の適用を受けることで認可(正式には特許)を受けやすかったからである。

「電鉄」なる名称は「電気鉄道」の略称と考えられがちであるが、それは現状本位に見た場合のことであり、元来は阪急の創立者である小林一三が創作した造語である。

電気鉄道と電鉄は別物と主張して、阪神急行電鉄の開業に成功している。

東海道線と並行する路線ゆえの苦肉の策といえなくもない。在阪大手私鉄のなかで開業当初から電気鉄道を名乗ったのは現在の京阪電気鉄道、阪神電気鉄道である。しかし、この両社も軌道として認可され開業した。

このように関西においては開業当初から電気を動力とした高速鉄道、たとえば関東の小田急電鉄に相当する存在が見られず、あえて記すと、新京阪鉄道(現在の阪急京都線)があった。ただ軌道条例、軌道法で営業したとはいえ、その実態は鉄道線であり名目上の分類にすぎない。

軌道とは線路の一部もしくは全部が道路上に存在するもの——のことを言うが、実のところ、この分類の仕方も名目にすぎないのである。

現在では、鉄道事業法ならびに軌道法に分類されているが、以前は日本国有鉄道法、地方鉄道法、軌道法に分類されていた。

今も南海、京阪、阪神などの多くが正式名称として「電気鉄道」を名乗っているのだが、関東大手のなかにこの電気鉄道を名乗るところは一社もない。東西の違いが表れていておもしろい点である。

「○○電気鉄道」を正式名称とする私鉄を、「○○電鉄」と略称表記することを是としない鉄道史家も存在したが、一般的には○○電鉄と表記しているのが現状であり、電気鉄道と電鉄はまったくの同意語になっている。

したがって、たとえば南海電気鉄道を南海電鉄と表記することに問題はなく、むしろそのほうが一般的だ。

私鉄における正式名称を略称化する動きは古くからあり、京阪神急行電鉄がその略称である阪急を正式名称化して阪急電鉄へ改称した歴史がある。

関東でも東京急行電鉄が東急電鉄という表記を用いており、京浜急行電鉄も京急電鉄を最近になって用いるようになった。

阪急のように正式名称化はしていないが、略称のほうがむしろ正称よりも「市民権」がある点に私鉄企業の特徴がある。

それだけ私鉄企業が市民生活に溶け込んでいる証しとも言える。

私鉄（私有鉄道）と民鉄（民営鉄道）の違い？

まず関東と関西の「私鉄」のルーツを示したが、ここで冒頭に「私鉄（民鉄）」としたことを解説しておこう。鉄道事業会社の連合団体として、社団法人日本民営鉄道協会があり、そこには民営化された東京地下鉄㈱も加盟している。

前記した関東地区九社以外の会社として、大手では名古屋鉄道㈱、近畿日本鉄道㈱、南海電気鉄道㈱、京阪電気鉄道㈱、阪急電鉄㈱、阪神電気鉄道㈱、西日本鉄道㈱が加盟し、これら一六社以外の比較的規模の大きな私鉄、いわゆる「準大手私鉄」としては、新京成電鉄㈱、山陽電気鉄道㈱、神戸電鉄㈱が加盟している。このほか、中小私鉄の多くも加盟している団体である。

民鉄（民営鉄道）と私鉄（私有鉄道）の意味するところは同じである。

以下、本書では各章ごとに冒頭では私鉄（民鉄）と並記するが、ＪＲ以外の鉄道会社を「私鉄」という言葉で総称していく。両者の差はイメージ程度のものだと思っていただいて差し支えない。

現在は、日本民営鉄道協会の名が示すように、業界としては「民鉄」という用語を用いている。

関東私鉄と関西私鉄の色合い
――「産業資本」と「商業資本」のあいだで

関東の私鉄と関西の私鉄の歴史、軌道、名称などの概要を記したが、関東各社は「産業資本」、一方の関西各社は「商業資本」の色彩が濃いという見方もできる。

これは「商都」大阪と「官都」東京という土壌の違いに由来するとした説明も可能だが、同時に鉄道事業経営者の出身母体の違いが反映されていると思われる。その代表例を示せば、鉄道官僚であった東急の五島慶太、銀行マンであった阪急の小林一三の存在がある。彼らは「東」「西」を代表する私鉄経営者だ。根津嘉一郎（初代）や堤康次郎は官ではないが、政治家の顔を持った人物である。

ところで、「産業資本」と「商業資本」の定義を示す必要があろう。やや抽象的表現であるからだ。

これを簡潔に述べれば、前者は「基幹産業」、後者は「客商売」のことである。

一つの例を示すと、「資生堂四五度、カネボウ三〇度」と化粧品業界で語られていたように、営業マンの小売店へ対するお辞儀の角度が両者で異なったらしい。

今のカネボウ化粧品は必ずしもそうではないだろうが、破綻以前のカネボウは東京綿商社鐘ケ淵紡績所に始まる長い歴史を持った繊維メーカーで、鐘淵紡績を経て、鐘紡になった通り、国の基幹産業として、その存在は大きく社員たちにも親方日の丸ならぬ、親方鐘紡という意識があったようだ。

対する資生堂は薬局から創業した歴史があり、以前は福原一族の同族資本という時代があった。資本規模から見ても鐘紡とは異なるが、エンドユーザーを相手にする客商売である。

こうした意識の違いが社風として伝統になったといえよう。

さらに鐘紡は、かの有名な「グレーターカネボウ」計画に基づくペンタゴン経営で、化粧品、医薬品、建材、食品などを手掛けた総合企業であった。

重厚長大産業といえるか否かは微妙だが、少なくとも資生堂より、はるかに基幹産業色が見られた歴史的企業である。産業資本と呼んでも間違いではない。

商業資本に見られない「上位者」意識がユーザーに対して散見されるのが、この産業資本の特徴であり、身近な例では電力会社がある。

私鉄も電力会社的なところがあり、つまり地域独占という経営形態を基本にしている。

かならずしも客に頭を下げる必要がない。その最たるものが、かつての国鉄であった。関東私鉄は関西私鉄に比べ、地勢的に地域独占力が濃い。そうした理由も存在して、高姿勢で経営していた。

人口減少期に入り、かつての上位者意識が変わりつつある。店さえ開けておけば客が入るという時代ではなくなりつつあるからだ。しかし、いまだに関西私鉄ほど乗客を心から「お客様」ととらえているのか、そのあたりについてはなんとも微妙だ。

鉄道事業はライフライン事業でもあるため、純粋に商業資本への変身は難しい。関西私鉄にしても、関東に比べれば客商売意識が強いものの、あくまでも相対評価すれば、ということである。

では、中京圏の私鉄はどうなのか？

中京エリアの特色

中京地域は、大手では名古屋鉄道と近畿日本鉄道が走るエリアだが、近鉄についてはあくまでも大阪の私鉄が幾多の合併を繰り返した結果、中京圏で路線を有したにすぎず、いわゆる中京圏の企業ではない。

細かく見れば近鉄の大阪営業局と名古屋営業局とで違いはあろうが、これは大事の中の小事にすぎないのである。

中京圏は名鉄こと名古屋鉄道の独り舞台ではあるが、だからといって枕を高くできるか、というとまったくそうではない。

なぜならば中京圏は、日本でもっともモータリゼーションが発達したエリアであるからだ。加えて大量高密度輸送が可能なのは名古屋近郊だけで、大半が閑散線区かそれに近い。人口密度が近畿圏や首都圏ほど高くない。そうした状況下では大量輸送より個別輸送が重視され、マイカー依存度が高くなる。このことは私鉄にとって、もっともマイナス材料になり、名鉄は同業他社と競合しないもののマイカーという厄介な相手がライバルになっている。輸送の質を高めなくてはマイカーに勝てない。非常に厳しい経営環境にあるのが名鉄だ。

名鉄は産業資本でも商業資本でもない私鉄であり、あえていうと「地場資本」である。中京地域の中小各社が大同団結して名鉄が生まれたように、大手私鉄ではあっても、それはローカル私鉄の集合体にすぎない。

実は、全日本空輸の筆頭株主である名鉄は、全日空の前身である「日本ヘリコプター輸送」の設立にあたり、千田憲三社長（当時）が松坂屋社長（当時）の伊藤次郎左衛門などとともに尽力した私鉄である。いわゆる「名古屋五社」（名鉄、東海銀行〔今の三菱東京UFJ銀行〕、中部電力、東邦瓦斯《ガス》、松坂屋〔今のJフロントリテイリング〕）の一つであり、いわゆる地元の名門企業として知られている。博物館「明治村」を運営するなど文化事業に熱心さを見せる。

ところで関東、関西、中京の大手私鉄間にライバル意識はあるのか？

結論から言えば、ほとんどそうした意識がない。そこが他業種との相違点である。鉄道事業は「固定装置」であり、基本的に、その経営資源が地域内に限定されるからだ。かりにあるとすれば関連事業分野に見られる程度である。

日本の私鉄各社と車両＆機器メーカーのユニークな関係

このように名古屋ではそれだけ地元意識が強く、名鉄の車両は名古屋資本の日本車輛製造に発注されている。

ところが関西私鉄は神戸の川崎重工への発注が多いかといえばかならずしもそうではなく、それは近鉄や阪急には自社系列の車両メーカーがあるからだ（近鉄＝近畿車輛、阪急

＝アルナ車両）。ただし京阪は川重への発注がほとんどであり、関西私鉄が東京の車両メーカーに発注する例は少なく、南海が東急車輛製造へ発注する程度だ（一部の車両であり全部ではない。ステンレスカーを導入した南海がパテントの関係で東急車輛にオーダーした関係性もある）。

実は東京（正確には横浜）の大手車両メーカーが東急車輛一社しかないため、関東大手私鉄が日車、川重、近車、アルナへオーダーする例は多くある。なお、東急車輛は現在の総合車両製作所である。

日立については工場が山口県下松にあるが、資本で見れば東京資本だ。

関西私鉄では阪急が日立へ発注した例がある程度で、例としては少ない。

どの私鉄がどこの車両メーカーに自社の車両を発注し、主要機器にどの電機メーカー、ブレーキメーカー、台車メーカーの商品を使用するのかは、資本系列や人脈によって左右されることが多い。

電車製造において、メーカー一社に絞ることは稀で、各社から寄せ集めている。つまり車両メーカーの製造ラインはアッセンブリーラインという性格が強い。

現在、電車をまるごと自社製品で製造できる車両メーカーは日立製作所だけだが、この場合でも厳密に言えば他社製品の使用がある。コンプレッサーやブレーキ装置などは、ナブテスコか三菱電機の商品に頼ることになるし、駆動装置は東洋電機製造か三菱電機いずれかの商品を使用することになる。日立製作所を除く各車両メーカーは構体を製作するだけで、電気メーカーや装置メーカーから送られてくる機器を車体に取り付けているにすぎない。

これら主要機器については鉄道事業者が各メーカーへ発注し、それらを車両メーカーへ支給して、電車を完成させるわけだ。ゆえにモーターは東洋、制御器は日立、ブレーキはナブテスコ、クーラーは三菱という例も多い。日立製電車に三菱のクーラーが付くことも珍しくないのである。さらにシーメンス、クノールなどの海外から輸入した機器を使用する場合もある。

大手私鉄で主要機器を一社に限定するのはこのようにきわめて少ない。京阪電気鉄道と東洋電機製造との関係がこの例にあたるが、京阪、東洋ともにその創業において渋沢栄一が関係していたことに由来する。

先に阪急が日立に発注した例をあげたが、車体のみが日立製であり電装品（主要機器）については東洋と東芝の商品を使用している。電車はすべてオーダーメイドだから、こうしたことも可能だ。

自動車では考えられないことで、トヨタに発注して日産のエンジンを使用しろと言っても、不可能である。しかし鉄道車両の世界ではそうしたことが日常的に行われている。すべての決定権がユーザーである鉄道事業者側にあるからできることだ。

関西私鉄といえども電装品はすべて東京資本の電機メーカーの商品を使用しているのである。なぜなら関西資本の電機メーカー、たとえばパナソニックやシャープは重電メーカーではないからだ。ところでJR（旧国鉄）では富士電機の商品が見られるが、私鉄では皆無だ。こうした点にもJRと私鉄の違いが現れていると言えよう。

第2章

電車の分類

——変わり種からオーソドックスなものまで

レールを走らない電車とは⁉

一般に広く「電車」と呼ばれている「電気車」だが、まずは変わり種から紹介してみよう。

レールを走らない電車がある。前に記したモノレール、新交通システム、ゴムタイヤで走る地下鉄、これらに共通するのは軌条があること、つまりハンドル（正しくは「ステアリング」）がないことだ。

決められた走行路を走る。ロープウェイも同じことである。

しかし、ここで紹介するのは「ハンドルがある電車」である。

要するに、運転士の意思で架線から逸脱しない範囲で自由に進路をとれる〝電車〟なのである。

これを「無軌条電車」という。

「いったいどんな電車だろうか？」とそう読者も思われることだろう。

その答えは、「トロリーバス」。

あれ、実は「電車」に分類されているのである。名前は「バス」だが自動車ではない。

昭和三〇年代頃には東京都交、横浜市交、川崎市交などで走り、一部、昭和四〇年代中頃まで横浜市内を走っていた。

今では立山黒部アルペンルートの一部、扇沢（長野県側の標高一四〇〇メートル以上の高地）から黒部ダムまでのトンネルバスなどで現存する貴重な存在だ。

現在四〇歳代半ば以上の読者であれば、かつて街中を実際に走るトロリーバスをなんとか記憶しているかもしれない。

ディーゼルバスよりはるかに静かでギアチェンジもないので、今でいう「オートマ」の乗用車に近い乗り心地である。

モーター音も「ヒューン」という音で、電車のそれよりおとなしいところに特徴があった。

いわば公道を走る電車、それがトロリーバスである。

ちなみにトロリーとは「架線」を意味する。架線のことを業界用語で電車線またはトロリー線という。

つまり、電車線とは線路のことではない。

さて、話を「レールを走る電車」に移そう。

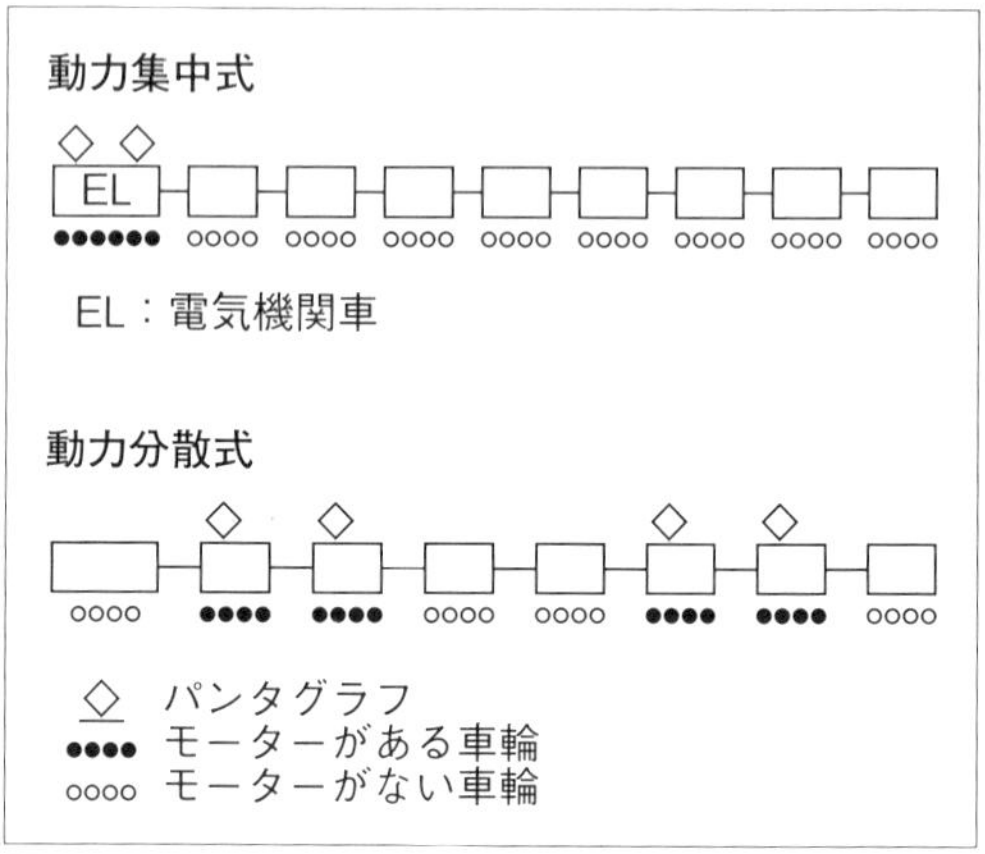

図2

電車とは「電気車」のことだと書いた。この場合、電気機関車も含まれるが、一般に電車という場合、電気機関車を除外して考えるのが普通だ。

それならば、電気機関車と電車は〝何がどう違うのか？〟ということになる。

まずは、「動力分散駆動」と「動力集中駆動」という概念だ。

電車は比較的小出力のモーターを何両かの車両が装備している。これを動力分散という。電気機関車は一両で何両もの無動力車両を引っ張って走る。これが動力集中である。そう考えるとわかりやすい。

かつてのブルートレインやカシオペアなどが動力集中方式、新幹線やいわゆる電車のすべてが動力分散方式である。

長距離列車になぜ電機牽引が多かったのか？ ――「電化」「技術革新」の歴史

旧国鉄時代（昭和六二年〔一九八七〕三月まで）、電車が長距離を走り始めたのはいわゆる20系（のちの151系→181系）を用いた特急「こだま」や153系による急行「六甲」「なにわ」「よど」、準急「東海」「はまな」あたりからである。

これらはすべて東海道本線を走った。

80形は準急「いでゆ」で東京と伊東を結ぶ中距離運用をしていた。

80形は旧性能車といって電動車（モーターのある車両）の振動や騒音が大きい。

これにくらべて新性能車と呼ばれる151系や153系は電動車が静かになった。

乗り心地が電気機関車で引っ張る客車列車並の静かさになったことで、長時間乗車に支障がなくなり、長距離を走るようになった。

電車が静かに走れるようになると、客車列車と同等になり、やがて長距離輸送に進出する。

これは、モーターと車輪（正しくは「車軸」）とを結ぶ装置が改良されて静かになったからである。

振動が減り、電車に長く乗っても疲れなくなった。この新しい方式を「カルダン駆動」という。モーターへの衝撃、これはレール面から伝わってくるものだが、それが改善されたことで、高速回転モーターが使えるようになった。

それまでの旧式モーターは高速回転できない構造になっていて、それを無理にさせるとフラッシュオーバーといってモーターが焼損する危険があった。

こうした技術革新は昭和二八年（一九五三）から私鉄（民鉄）で実用化され、国鉄では昭和三二年六月から採用されており、101系からである。

東海道本線の「電化」は早く、全線が直流一五〇〇ボルト（V）電化だったから、東京から同じ車両で、大阪、神戸へ「直通」できる。それもあって東京〜神戸間に電車による特急や急行が走り始めた。

ただ、当時（昭和三〇年代前半）は未電化線区が多く、当然ながら電車が走れない。

それで電化区間は電気機関車で客車を牽引し、未電化区間を蒸気やディーゼル機関車に付け替える。つまり客車列車は先頭の牽引機さえ付け替えれば全国各地へ直行できる。そうしたメリットがある。

これが電車にはない特徴だ。

直流電化区間、交流電化区間、未電化区間をスルー運転が可能である。長距離列車を一手に引き受けるＪＲには都合がよい。

私鉄は、近鉄、名鉄、東武がズバ抜けた路線長を有するものの、四〇〇～五〇〇キロメートルにすぎず、他社は一〇〇キロ前後しかない。長くても二〇〇キロに届かない。これだと全線を統一電化しやすく、電車が走り回れる。したがって客車列車が不要になる。全国の大手私鉄は事実、すべて直流一五〇〇ボルト（一部に直流六〇〇ボルト）で電化している。繰り返すが、ＪＲのように交流区間がないのである（つくばエクスプレスを除く）。

ＪＲも交直両用電車の増加によって、その後、客車列車が大減少した。以前のような未電化区間が減り、電車列車が走り回れる状況となったのである。

電化の進捗と電車の高性能化に合わせて、客車列車が不要になりつつある。

電気機関車は貨物列車にこそ本領を発揮するといえるだろう。動力集中方式は加速性能が低い。そのうえ、一〇〇トン（ｔ）級の電気機関車が走ると線路に負担が大きくかかる。だから長距離列車もすべて電車化したほうが有利である。未電化区間走行がある場合に限って客車列車とすべきである（この場合、未電化区間はディーゼル機関車を連結する）。

グリーン車にモーターがない理由――なぜ「グリーン」車？

さて、この「グリーン車にモーターがない」という問題であるが、すでに述べた通り、モーター音を排除して静かな乗り心地を保つため――というのが本来的なことではあるのだが、これはいわば〝旧性能車時代〟に確立された「思想」であって、今や伝統にすぎないものになっている。

ＶＶＶＦインバータ制御車（詳細後述）といって、「交流モーターで走る車両」が増加し、そのモーター音が当初は大きかったものだが、それすらも改善されてきた。

そんななか、静かなはずのグリーン車の床下に、ブレーキなどに用いる高圧空気を作る圧縮機が付いているのは考えものだ。１８３系などにコレがあってうるさい。年中作動する装置ではないのだが回り出すと耳障りなのである。サハ（普通車でモーターがない車両〈後述〉）に移動するべきものである。

グリーン車の床下に空気圧縮機を設けるのはいわば欠陥設計だ。

グリーン車がすべてモーターがないかというと実は例外もある。すべてがモーター付き車両で編成される場合は（これを「オールＭ」という）当然だが、１８１形のなかにはモーター付きのグリーン車（モロ）が存在していた。編成上の都合でそうしたケースも例外的にある。

中央本線特急「あずさ」で、以前、このモーター付きグリーン車モロ181形に乗った体験があるけれど、モーター音などまったく気にならなかった。

今はもう走っていないが、その昔、東海道横須賀線にあったグリーン車サロ111形はその点で最悪だった。

なにしろ台車が空気バネではなくて103系並の乗り心地だった。座席も薄かった。つまりクッション性がよくない。

冷房化途上時代では、隣接する普通車に冷房があって、グリーン車は扇風機。そんな珍現象も見られた。

ところで、なぜ名前が「グリーン」車なのか？

諸説あるが、かつての一等車の切符がグリーン色で一等定期券もそうだった。それに由来していると私は思っている。

グリーン定期券も同色で、赤でGの文字が大きく印刷されている。

ちなみにグリーン定期券には通学用がない。これはあとで知ったことだが、実は私は小学生の頃から通勤定期で学校へ通っていた。横浜から鎌倉までの通学だったのだけれど、一般の通勤とは人の流れが逆方向なので車内はガラガラだった。

何人かの専務車掌とやがて顔なじみになり、いろんな話が聞けて楽しかった。

実はこのサロ111形はサロ110形とペアで走り、こちらは元のサロ153形なので、空気バネ車になっている。座席背ズリの裏がサロ111形は鋼板貼りだがサロ110形はモケット貼り。もちろん私はできるだけサロ110形に乗るのだが、友達がなぜかサロ111形に多く乗っていて結局私もつき合わされる羽目になる日もあった。

東海道線に153系が走っていた頃で、下校時に大船で153系を見ると急いで乗り換えた思い出がある。なにしろ153系にはサロ165形が連結されていて、冷房付きのうえにリクライニングシートが備わっていたから、これを逃す手はなかった。なかにはサロ152形が入っている編成があって、窓まわりの構造と台車が相違していた。

165形のほうが乗り心地がよい。

思えば懐かしい小学生時代の日々である。今同じ路線をサロE217形で走るが、きのうのことのように思えてならない。

第3章

電車の記号表記

――ＪＲと私鉄それぞれの呼称法

ＪＲの呼称法とその他

「モハ」とか「クハ」といった表記を教科書的に解説した本は、確かに多数出回っている。しかし、ＪＲの呼称法を標準にしてそれらの本は解説しているにすぎず、私鉄には各社独自の表記法がある。この複雑な呼称法を本書ではわかりやすく解説してみたい。鉄道ファンではない一般の方でも、これを知っていると電車に乗った時に、車両内部に掲げられている表記を見るのが楽しみになるはずだ。

まずはＪＲの表記を見てみよう。

ク……運転台のある車両
モ……電動（モーター）車両
サ……付随車両（モーターがない）
ロ……グリーン車
ハ……普通車

この五つのカタカナの組み合わせで表記する、と通常は解説されている。

このうちロとハは「車格」を表したもので、ロを用いているのはＪＲ各社と、私鉄では伊豆急がある。以前は名鉄のディーゼルカー８０００系にもあった。

ＪＲ東海御殿場線乗り入れの小田急２００００系特急車にあった二階建て車両は、その二階席が「特別席」で、ＪＲ流に言うと、グリーン車であるが、小田急では「スーパーシート」と呼び、グリーン車を示すクローバーマークも、ごく小さなものが申し訳程度に付いていただけ。これの車種はサハ２００５０形（２５０番代）を名乗っており、決してサロではない。この車両は二階がスーパーシートであり一階は普通席なので、もしＪＲ流に表記するならば、サロハ２００５０形となる（この車両はすでに引退している）。

同じくＪＲへ乗り入れて新宿へ顔を出す東武１００形スペーシアだが、これの上り方向先頭車両（六号車）は四人個室車であり、ＪＲではグリーン車扱いしているが形式はモハ１００-１形。これもモロではない。

ここで「おや？　変だぞ」と思った方がいるはずだ。先記したように運転台のある先頭車だからクモハ１００-１形じゃないのか、と。

実は先頭電動車（制御電動車）をクモハと称するのはＪＲと、大手私鉄では西武鉄道だけの話であって、他の大手私鉄ではクモハを用いないのである。

電動車は運転台の有無にかかわらずモハまたは「デハ」と称するのが私鉄流だ。

ＪＲ表記には出てこないこの「デ」であるが、これは「電動」車のデであって、意味は「モ」と同じである。

冒頭で、一般の解説書が「教科書的」解説であると記したわけがココにある。

実は、私鉄では西武以外の各社がモハ（またはデハ）、クハ、サハの三種しか使用せず、東京メトロではカタカナ記号をいっさい用いていない。また、中部圏の名鉄、中部関西双方にまたがって走る近鉄と九州の西鉄の三社はク、サ、モと一字表記でハを用いない。名鉄のディーゼルカー特急のみが例外で、キハ、キロを使っていたが、キロは途中からキハに改造している（現有せず）。その他、関西大手でカタカナ記号を用いているのは南海一社だけだ。

デハを用いるのは関東だけで、東急、京急、小田急、京王の四社。

この四社は戦時統合で一社にまとまっていた歴史がある。

デハは「大東急」時代の産物

現在の東京急行電鉄（東急）という社名は、東京横浜電鉄が、京浜電気鉄道、小田急電鉄を合併してできた社名で、後に京王電気軌道を合併し、昭和二三年（一九四八）に各社が分離独立したあとも社名変更せず、今日に至ったものである。

戦時統合中の東急を俗に「大東急」という。

そうした経緯から被合併各社で今もデハが使用されている。

もうすっかりおわかりのように、デハとモハは同意語である。モはモーターを、デは電動機を表す。つまり同じ。

それを踏まえて分類するなら、「デ派」が前記の東急系の四社。「モ派」が他の四社。なお、東武では電化直後にデハを使用したがモハに鞍替えしている。その逆に東急はモハからデハに鞍替えした。

現実的にみると、デ、モ、サ、クは意味をなすが、ハは意味をなさない。一種の語呂合わせだ。伊豆急のロイヤルボックス（サロ２１８０形）を除くと、私鉄にはグリーン車がないからである。当然すべて「ハ」になる。

クハをTc、モハおよびデハをMまたはMc、サハをTと表す場合がある。ここでも東京メトロはTcをCTなどと表記している。

このように表記の仕方について実のところ統一した基準はないのである。

近鉄ではスーパーシートではなくデラックスシートと称するなど、いろいろだ。

ちなみにＪＲではサロをTsと表しているが、Ｓはスーペリアの意味がある。食堂車はTDで表し、Ｄはダイニングのことである。

一等車は実は二等車だった――「等級」の話

記号表記の話のつながりで、「等級」についてここで言及しておきたい。

ＪＲの話というより旧国鉄時代の話であるが、一・二・三等級制があり、一等車というのは客車特急の最後尾を飾る「展望車」が本来のそれだったのである。

これが電車化で廃止され、二等・三等制になる。電車化された特急「はと」「つばめ」などには展望車に替わってパーラーカーが登場。ただし等級は二等扱い。クロ１５１形がそれである。

四人用コンパートメントが一室あって、他は一人掛けのリクライニングシートが並んでいた。窓は高さ一メートル、幅二メートルと大きく、一部に防弾ガラスを用いた。これは警視庁で実弾テストをしたと聞く。一両の定員はわずか一八名だ。

私も幼稚園の頃に何度か乗った記憶がある。父の実家が神戸の近くなのでよく利用していたのである。

当時、「スチュワード」が乗務していて飲みものとお菓子を出してくれたものだった。各座席に電話のジャックがあって通話の時にはスチュワードが電話機を持ってくる。私は一人掛けのオープンサルーンを好み、コンパートメントを好む父を困らせていた。コンパートメントはホテルの客室みたいでつまらなかった。「新大阪ホテルみたいでイヤ！」などと言っていたそうで、当時からワガママ娘だったようだ。

ところで国鉄ではその後、一等級ずつ繰り上げて、二等を一等に、三等を二等にし、それが昭和四三年（一九六八）にグリーン車と普通車になった。

ただし記号はサロ、サハのままだ。サイにはならなかった。イロハで一、二、三等を表したことはご存じの方も多いだろう。

かつての客車列車にはマイテ（一等展望客車）やスイテ（一等展望客車）が連結されていた。さすがに私にはその記憶はない。私の親の世代の話だ。

日本に〝豪華列車〟はない――上質な長距離旅行を求めて

今では、トワイライトエクスプレスやカシオペアのスイートに人気がある。しかし、どちらもいま一つの感がある。客室は狭く、シャワーしかない。

カシオペアやトワイライトは最後尾から流れ去る風景が楽しめて、そこがよかった。だが海外の鉄道にはとても及ばない。

オリエント急行ももちろん悪くはないが、私が一番気に入ったのが南アフリカのブルートレイン、タイプＣ１１形ラグジュアリーカーだ。

一両に三室しかなく中央のメインゲストルームはホテルのセミスイート並みの広さがあり、ベッド二台にソファーとテーブルがゆったりとセットされ、バスルームも広い。一両の定員が六名だ。これはさすがに驚いた。

かなり昔の体験なのだが（アパルトヘイトの時代）、現在も「世界一の豪華寝台列車」とギネスブックにも記載されている（首都プレトリアとケープタウンを結ぶ）。

なお、私は旅にカメラを持ち歩かない。写真で残すより心に残したい。だが、この車両だけは撮っておくべきだった。窓には純金がコーティングされていて、太陽光を反射しているという。

ＪＲ各社に奮起を望みたい。

一編成ぐらいは豪華列車があってもよい。不定期で日本一周の旅を企画すると人気が出るだろう。一両四室程度にしてホテルのせめてデラックスツイン並みの客室がほしいと思うのは私だけではないはずだ。サービスはＪＲホテルズ各社が担当することにしたらいい。

今の鉄道は移動手段に少々デラックスさを足したレベルだ。そうではなくてクルーズ船の感覚があってもよい。

思いっきりゴージャスにして料金なんてあとから決める――そんな感覚でプランニングすることが本当の豊かさであり、アイデアではないかとさえ思う。

日本の鉄道界に欠けている部分だ。そして、これはＪＲにしかできない。私鉄だと二時間も走れば旅が終わってしまうからだ。

鉄道大国の日本になぜこうした文化がないのか不思議である（ＪＲ九州で計画している一例しかない）。

マイテやスイテといった一等展望車が走っていた当時のほうがむしろゴージャスであり、上質な旅ができたのではないか。

新幹線グリーン車は、やはりあくまでもビジネスマン指向である。旅を楽しむといった雰囲気ではない。それは一等車ではなくあくまでもサロやモロのレベルにとどまっている。

かつて新京阪鉄道（今の阪急京都線）に走ったデイ１００形など、特別料金不要の車両だったが「イ」を堂々と名乗り、国鉄一等車を意識した記号であった。

私の提案だが、たとえばCT１００形、M１００形といった表記が一番合理的ではないかと思うのだが、どうだろうか。

複雑怪奇な私鉄の車両表記

結論的には、ＪＲの車両表記法が一番わかりやすい。

たとえば、モハ１０３-１と示すと、１０３系モハ１０３形の一両目つまり最初に造った車両とわかる。ただしＪＲ表記ではハイフン以下の数字で細分化されているため、モハ２１１-１０２０とあれば、一〇二〇両目に造られた車両ではなく、１０００番台車という分類に属した車両の二〇両目に造られた車両を意味することになる。ここが少々わかりづらいのであるが元来こうした記号番号は乗客に向けたものではないので、その意味でなら何の問題もない。

私鉄では事情がさらに複雑になっている。

東武８０００系は一形式で七〇〇両を超す両数を造り、たとえば８０００系クハ８１００形を見るとクハ８１０１に始まり、クハ８１９９までの番号が埋まると、次は８２０１にできない。

なぜならその番号はモハ８２００形のモハ８２０１が使っているからだ。

そこでどうしたかというと、クハ８１９９の次はクハ８１１０１とした。これではまるで８０００系のようであるが、あくまでも８０００系のクハ８１１０１なのである。

これが東急方式だと、８１１０１とはならず、０１０１になる。

一形式の両数が増えると、こうした苦肉の策で対応することになる。

系と形――編成について

さて、このように頻出する〝系〟と〝形〟であるが、そもそも「系」という概念が登場したのは、いわゆる固定編成が登場した昭和二〇年代末期のことである。以後、メカニックな面も説明しながら、この系と形について概説してみたい。

ここでまず固定編成を説明しておこう。

旧性能車と呼ばれている車両、これはモーターがギア（小歯車）を介して直接、車軸側のギア（大歯車）に乗る（引っ掛ける）「ツリカケ」式という駆動方式の車両の総称だが、こうした車両ではモーターを持つ電動車にすべての走行機器を持たせるのが大半だった。

それらは次のような機器である。車両の速度を制御するための主制御器、主抵抗器。室内灯や各種の制御に必要な低圧電力を供給する電動発電機（ＭＧ）。ドア（側扉《がわとびら》）の開閉やブレーキに必要な圧縮空気を供給する電動空気圧縮機（ＣＰ）。蓄電池。架線から集電するパンタグラフなどすべての主要機器を一両に集約装備する。

わかりやすく言うと、電動車は小出力の電気機関車と思えばよい。

つまり運転台が付いていれば一両だけで走行できる。

これにモーターのない制御車（クハ）や付随車（サハ）を連結して走行する。連結の自由度が高く連結器が合えばどの車両とも連結できる。ブレーキ装置も自動空気ブレーキで統一されていた。

ところが昭和二八～二九年頃から新性能車または高性能車と呼ばれる、それまでの車両とは異なる新しい車両が登場する。

何が新しいかといえば、まずモーターの取り付け方が違った。モーター軸に、「駆動装置」といってモーター軸と車軸の位置の変化を吸収する装置が取り付けられた。歯車比が小さければトップギア、大きければローギアとなる。

この駆動装置は「カルダン装置」と呼ばれる。モーターを台車の〝バネ上〟に固定できるのがカルダン装置で、モーターの回転力をスムーズに車輪に伝えるのが、その役割である。

従来までは、先述したようなツリカケ駆動方式であって、カルダン装置がないので、モーターを台車の〝バネ下〟に置くことでモーター軸と車軸との偏位差をなくしていた。

これだと車軸に取り付けてある車輪から伝わる衝撃がモーターに直接届くことになる。そのためモーターを高速回転させると衝撃で故障する危険があって、低速回転モーターを使用していた。

この問題を解決したものが、このカルダン駆動装置である。

これによって小型軽量の高速回転モーターが使えるようになった。と同時に、〝バネ下〟から直接伝わってくる振動がなくなり、乗り心地も大きく向上したのである。

さらに従来、一台の主制御器で四台のモーターを制御していたが、これは一両に四軸ある車軸に各一台のモーターが付いているためだ。

これを倍の八台まとめて一台の主制御器で制御できるようになり、主制御器を半減したものがM1M2の二両一ユニット編成である。

電動車二両で一台の主制御器、主抵抗器、パンタグラフ、MG、CPとする。

つまり二両に分けて機器を配置するのがユニット編成だ。

M1車にパンタグラフ、主制御器、主抵抗器を、M2車にMG、CPを装備する。

この二両は永久連結で切り離さない。これが固定編成の原型である。この両端にクハを連結してTcM1M2Tcの四両編成ができる。

「編成単位で考える」という発想が生まれた。

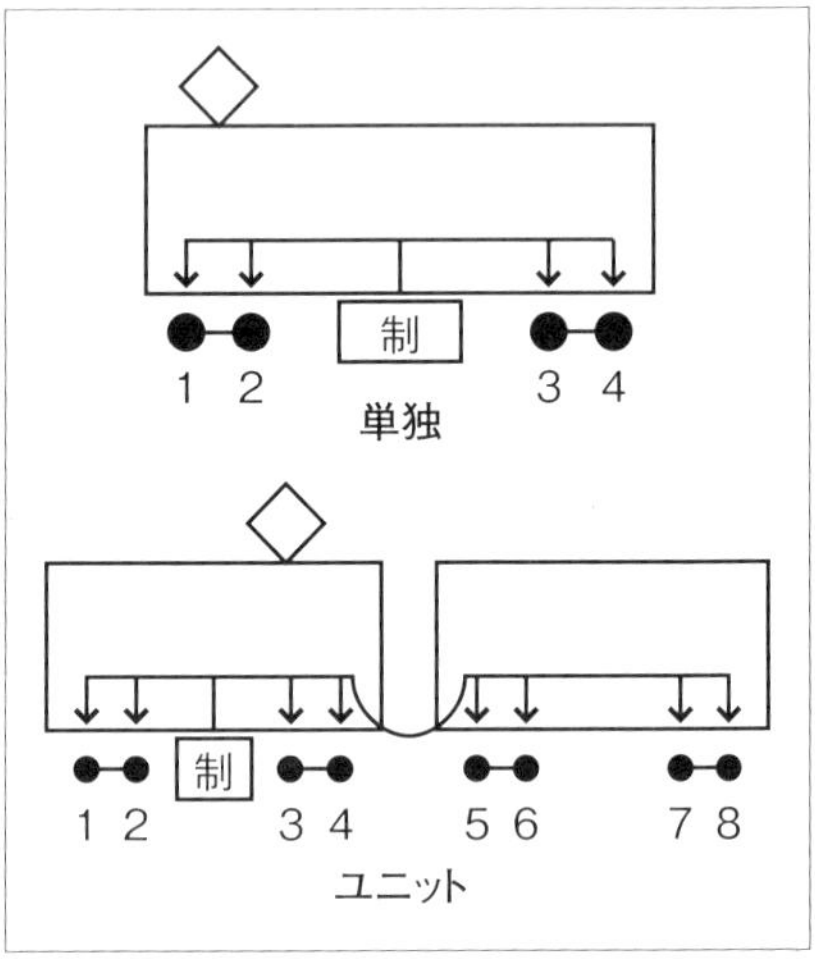

図3

四両編成各車両ごとに機器を分散配置して機器の集約化をすると合理的でムダがない。保守整備も効率的にできる。

長編成化にこの手法は有利で、たとえば八両編成の場合など、四両一ユニットを二組連結したような方法が可能になる。

見た目は八両編成だが機器構成上は二両と同じだ。

するとモハとひと口にいっても装備している機器が異なってくる。

それではわかりづらいので、各車ごとに固有の形式を与えてわかりやすくしたほうが便利だ。たとえば、モハ５１００形にパンタグラフ、主制御器、主抵抗器。モハ５２００形にＭＧ。サハ５３００形にＣＰ。そしてクハ５１５０形に蓄電池、ＡＴＳ機器を分散し、この四両一組になって回路を構成させる。これを背中合わせに連結して八両一編成にするといった手法がとられるようになったわけである。

62～63ページの図4がユニット編成の概念図である。

「形」は各車を示し、「系」は全体を示すことがわかる。

これをたとえると、系は県を、形は市を表すと思うとわかりやすいだろう。

系という概念はユニット編成がもたらしたものだ。

なお一部の私鉄、たとえば小田急や京急ではいっさい「系」を用いないが、これは少数派であり、大半の私鉄やＪＲでは系を正式に使用しているのである。

——サハ 5401—モハ 5501—モハ 5601—クハ 5651

——サハ 5411—モハ 5511—モハ 5611—クハ 5661

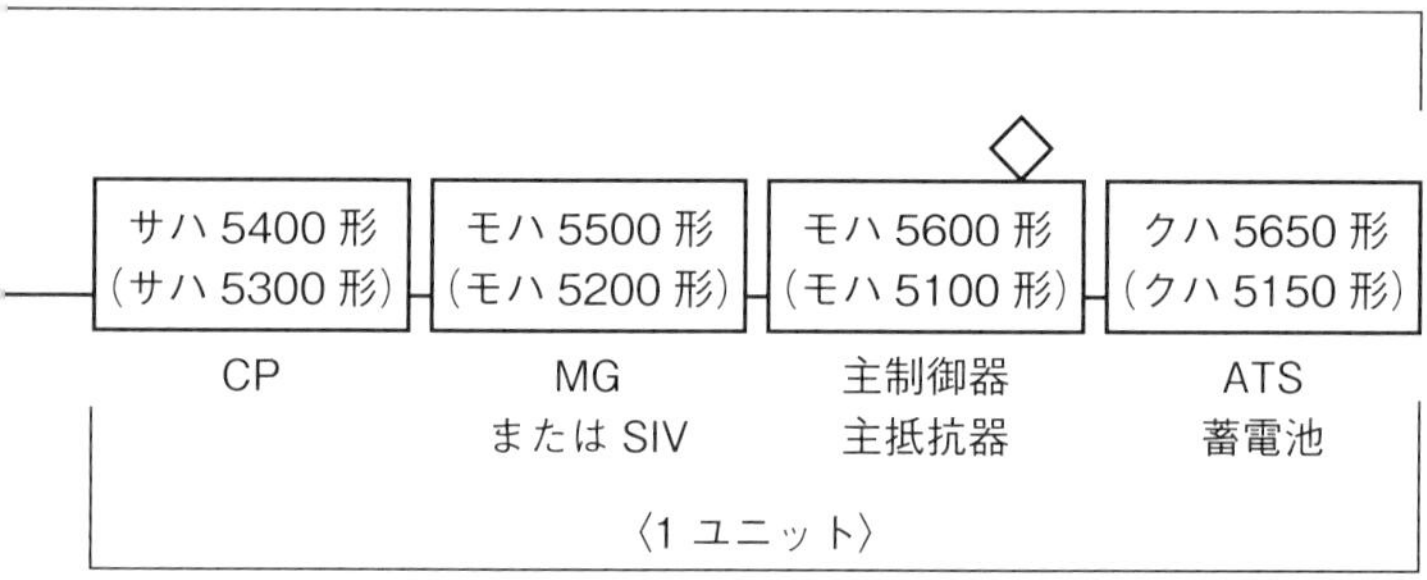

注) ( ) はその車両が装備する機器がカッコ内に示した形式と同一であることを示す。モハ 5100 形とモハ 5600 形は同じ車種だが編成ごとに末尾番号をそろえるために別形式とする例が多い。

（第 1 編成）　クハ 5151─モハ 5101─モハ 5201─サハ 5301──

（第 11 編成）　クハ 5161─モハ 5111─モハ 5211─サハ 5311──

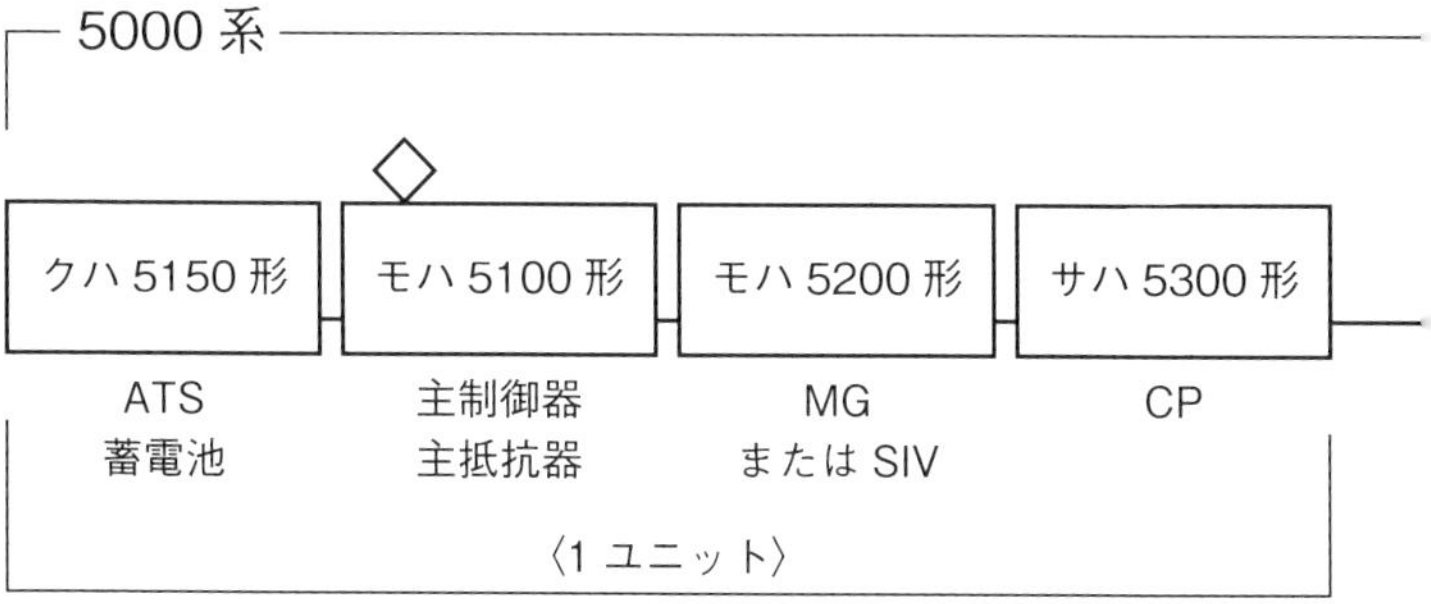

● 5000 系（を構成する形式）
クハ 5150 形　モハ 5100 形　モハ 5200 形　サハ 5300 形
サハ 5400 形　モハ 5500 形　モハ 5600 形　クハ 5650 形

図4

第4章

電車と電気の関係

——直流・交流、モーター、インバータ

直流・交流の概念差を知ろう

この章では電車の動力源である電気と電車の関係を見ていきたい。複雑なところもあるが基本さえ押さえられれば理解が進むはずだ。

よく知られているように、私たちが家庭で日々使用している電気は本州のほぼ中央を流れている富士川を境にして東と西とで異なっている。

ともに単相交流一〇〇ボルト（V）だが周波数が違っている。

富士川以東が五〇ヘルツ（Hz）、それ以西が六〇ヘルツだ。この差はよく知られている。「交流」とはプラスとマイナスの極が一定の周期で変化する電気のことで五〇ヘルツとは一秒間に五〇回、六〇ヘルツは六〇回変化している。

これに対して「直流」は常に電気の流れる方向が一定である。乾電池は直流なのでプラスとマイナスを逆にセットすると電気が流れない。このことは日常的な体験から読者もよくご存じかと思われる。

では部屋の家庭用電気のコンセントへプラグを差し込む場合に、二股に分かれている突起をどちらがプラスでどちらがマイナスかを考えて、コンセントに差し込んでいるだろうか？　そんなことはないであろうし、いずれの側を差し込んでも通電する。

これが直流と交流のわかりやすい違いだ。

電車に使う電気はこの前記した二例の両方がある。私鉄（民鉄）のほとんどでは直流を使い、ＪＲでは線区によって使い分けている。

しかし日本では昭和五〇年代後半まで、電車のモーターは電源のいかんにかかわらず直流モーターを使用していた。なぜ直流モーターだったのか、このあたりから話を進めていこう。

なぜ日本では長いあいだ直流モーターだったのか？

電車を思い通りの速度に加速させて走らせるには、モーターの回転数（回転速度）を上げていけばいい。このモーターを自在に変化させせコントロールする必要がある。

しかも、そのモーターには、重い負担——車両や乗客の重量——がかかっている。

回転速度を変えるにはモーターの電圧を増減させればよいが、それだけで制御可能なモーター、それが直流モーターだ。電圧変化で簡単にモーターの回転数を上げることができる。

交流モーターでは、周波数を制御する必要があって難しい。それが長いあいだネックになっていた。

従来からある抵抗制御ではモーターへかける電圧を増減させる手段として電圧調整に熱抵抗を用いているが、これは同時に電気エネルギーを熱として大気へ放散させ捨てることにつながる。これが直流電車最大の欠点だ。ムダを生んでしまうからだ。

具体的に説明すると、架線から取り入れた高電圧に抵抗を加えると電圧が下がり、この低電圧をモーターに供給することで電車の発車がスムーズに行われる。すなわち電圧を増減させる主制御装置（主抵抗器とつながっている）がいかに電車のモーターにとって重要かがおわかりだろう。

この熱として電気を捨てる弊害を改良したものが電機子サイリスタチョッパ制御で、初期のものは界磁制御回路に界磁抵抗器があったが、後期のものは改良されている。営団6000系が前者、同7000系以降が後者だ。

直流モーターは固定界磁子に周囲を囲まれて回転電機子があり、それにカーボンブラシと整流子（コンミテータ）を通して電流が流れることで回転する。

図5を見ていただくとわかりやすいだろう。

直流モーターの特性として全電圧をかけたあとに、界磁電流を弱めてやるとさらに速く回転する。そこで界磁に界磁抵抗器を接続する。これを弱め界磁制御という。

このように速度（回転）制御が行いやすい点に直流モーターの特徴があり、電車誕生以来使用されてきたのはそれゆえだ。路面電車から新幹線まで直流モーターが用いられた。

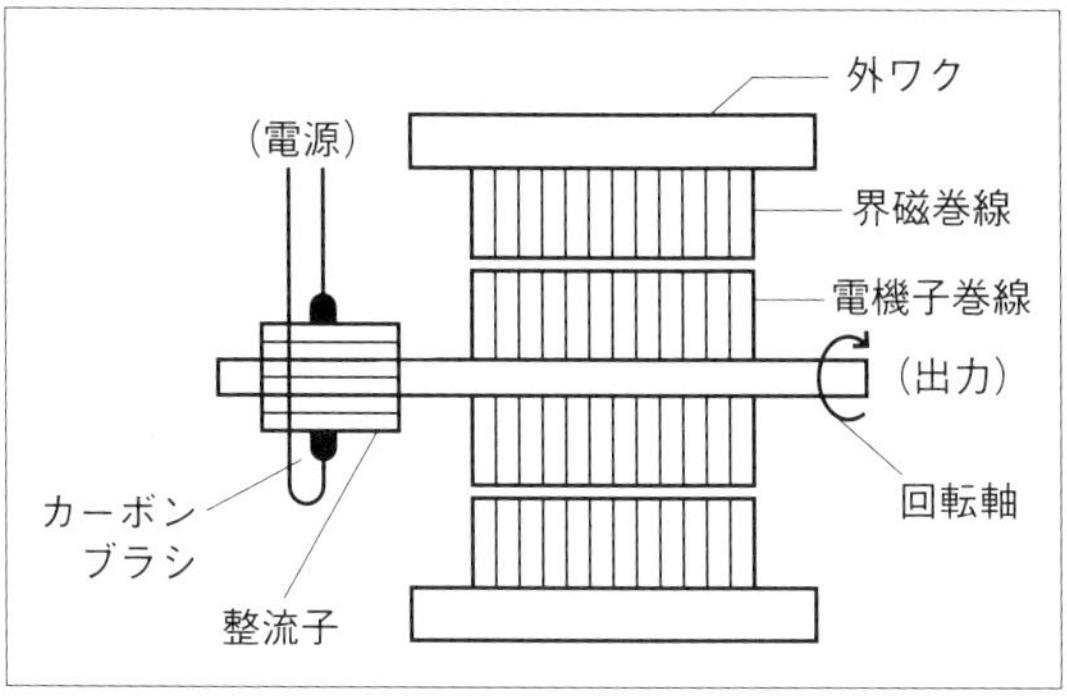

図5　直流モーター断面図

欠点としてカーボンブラシと整流子との機械的な接触があり、定期点検でブラシを交換する必要がある。また整流子の溝の削正も必要で、これも電車の床にある点検口を開けて腹這いになって作業をしたり、点検口がない車両では台車と車体の隙間からこれを行う。メンテナンス保守作業に手を焼くモーターなのである。さらにモーター本体のほかに整流子とブラシがあるので、寸法がその分、大きい。出力あたりの体積が大きくなる。このため狭軌台車にモーターをおさめるには一五〇キロワット（kW）がほぼ限界値になる。幅に余裕がある標準軌台車でも二一〇キロワット前後だ。これは車輪径を八六〇ミリ～九一〇ミリとした時の数値であり、電気機関車は車輪径が大きいので話が別だ。電車の車輪径八六〇ミリ～

九一〇ミリとして見た話にすぎない。

熱エネルギーとして電気を捨てることで電圧制御をし、モーターの回転を変える抵抗制御車も、ムダを削減した電機子チョッパ制御車もすべて直流モーターで走行している。その点はまったく同じだ。

交流区間も直流で走る

直流区間の架線には直流一五〇〇ボルトの電気が流れている（なかには六〇〇ボルト、七五〇ボルトもある）。

これは電力会社から送られてくる交流二二キロボルト（kV）および六六キロボルトを電鉄会社の変電所で降圧、整流して（交流を直流にすることを「整流」という）送電している。

そのために変電所を多く造る必要があった。直流を電力会社から買うことはできないからである。

変電所を多く設けず電化できるのが交流電化だ。長大な路線を持つ旧国鉄が大都市圏で早くから電化した線区以外の在来線電化と新幹線で、それを採用している。

在来線は二万ボルト、新幹線は二万五〇〇〇ボルトの交流が給電されている。交流区間を走る車両は交流で受電し、車両に備えた変圧器で降圧、整流して使用するわけである。

したがって直流区間用の抵抗制御車のように、熱エネルギーに換えて電圧制御をすることはない。電力が熱としてムダにならないのである。

次ページの図6に、交流区間車両の主回路略図を記してみた。

交流区間を走行するものの電源が交流というだけで、直流に変換して動力源にしていることがおわかりだろう。

交直両用車両は単に交流を受電し降圧、整流した直流を抵抗制御しているにすぎない。早く言えば、車両に「変電所」があると思えばいい。

このように、ある時代まですべての車両が直流モーターで走っていた。

交流モーターの出現へ

ところが半導体素子の発達で、交流モーターが電車の走行に使われるようになった。「インバータ」という用語が家電の世界に使用されているので、おなじみかと思うが、イ

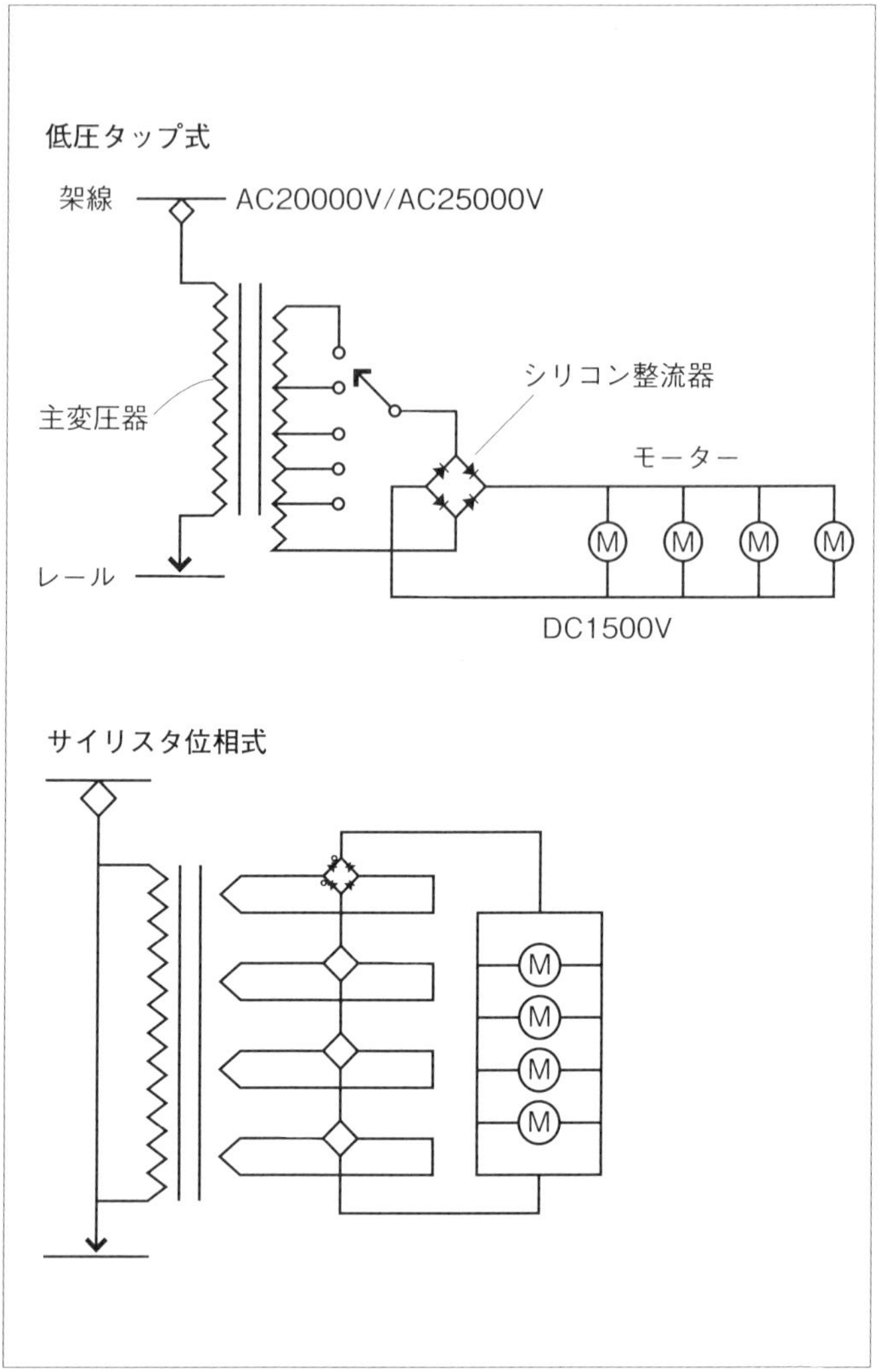

図6　交流区間車両の主回路略図

ンバータ照明とかインバータエアコンが一般には有名だろう。

本来、インバータとは〝直流を交流に変換する装置〟のことをいう。その逆で交流を直流にするのが「コンバータ」である。なお私鉄では直流電化がなされているためにこのコンバータは必要ない。

家庭の電気はもともとが交流なので、いったん直流に整流し、それを再び交流にしている。それが家電のいわゆるインバータで、正確にいうなら、間接インバータつまりコンバータ・インバータになる。

なぜそれをするかというと、電圧や周波数を変えて負荷させるためだ。

電車のインバータ制御も同じである。ただし三相交流を用いている（家庭では単相交流である）。三相とは一二〇度の電気角でU相V相W相が回転磁界をなすのだが、これは複雑なので忘れていただいてもかまわない。この三相の意味を示したいだけで、実質、電気工学分野の専門的な話になってしまう。

電車に用いる交流モーターは、この三相の交流電力で回転している、ということだ。

思い通りの速さで回転させてスムーズに加速減速させるためには、モーターの電圧と同時に交流特有の周波数制御を行う必要がある。それを可能にしたのがVVVFインバータ制御（可変電圧可変周波数〔Variable Voltage Variable Frequency〕制御）といわれるものである。

交流モーターは直流モーターと違ってカーボンブラシや整流子がなく機械的な接触部を持たない。メンテナンスがたやすく有利なのである。

図7に交流モーターの概念略図を示す。

直流モーターが回転子（電機子）に電源入力するのとは逆に交流モーターは固定子に電源入力していることが図でもよくわかると思う。

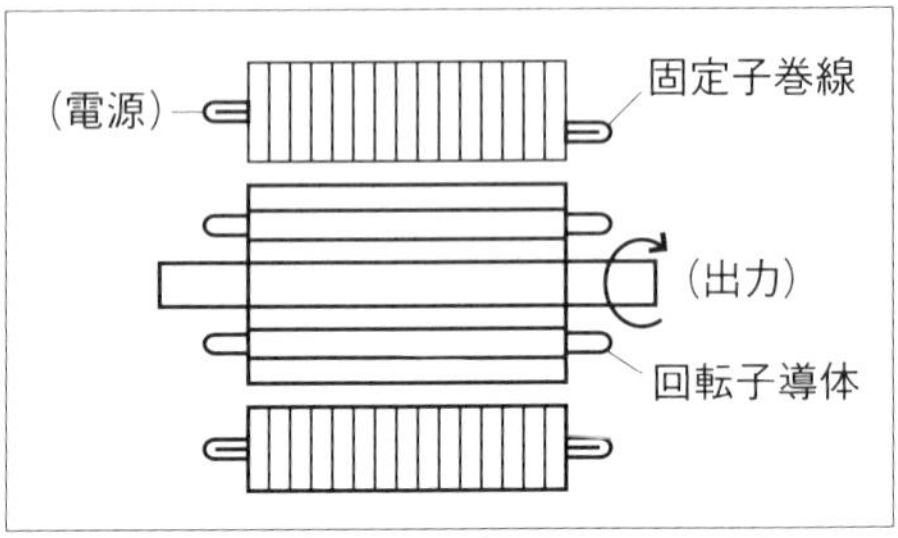

図7　交流誘導モーター断面図

なお、交流モーターには誘導モーター（インダクションモーター）と同期モーター（シンクロナスモーター）があるわけだが、電車には前者が使用される例がほとんどであり、同期モーターの使用例は少ない。誘導モーターが交流モーターの代名詞であり、メンテが楽でシンプルに使いやすい。これをスムーズに回転させるためには、さまざまな工夫がされている。

それがパルス幅制御、変調周波数制御などである。モーター電流を正弦波に近くしてスムーズに回転させるために必要な措置だ。

そうした複雑な制御を可能にしたものが高速スイッチング素子の発達である。

これについて解説を加えると、それだけで一冊の分厚い専門書になってしまうほどである。

参考までに記すと、現在の比較的新しいＶＶＶＦインバータ制御電車の素子はＩＧＢＴというもので、これは絶縁門形両極導電トランジスタの略で、英名は次の通りである。"Insulated Gate Bipolar Transistor"。そして最近登場した電車は、コレを使用している。鉄道会社の車両部のなかには電機メーカーに丸投げしているところすらある。

電車は「機械工学の世界」から「電子工学の世界」に技術がシフトしている。

交流モーターのところでも少し述べたが、素子のスイッチング速度は飛躍的に伸びた。一マイクロ秒で考える。一マイクロ秒という時間単位について、想像がつくであろうか？光の速度は、よく知られるように一秒に約三〇万キロメートル進む。これが一マイクロ秒だとどれくらい進むかというと、なんと三〇〇メートルである！

とにかく省保守・省エネルギー

早くいえば、手間がかからず「省エネルギー」の電車が走るようになったわけだ。

交流区間でも直流ではない走行方式が普及している。交流電源をいったん整流して電圧や周波数などを調整して再度交流化し、交流モーターを回す仕組みがそれであるが、これは正しく言うと、コンバータ・インバータ制御という。

広くインバータ制御と呼ばれているが、入力電源も出力電源も交流の場合はコンバータ・インバータ制御が正しい。

車体や台車の軽量化と同時に電車の制御系もそれ以上に進歩している。

前述したように、ひと時代前は機械系であった車両機器が大幅に電子系に移行した。静止形の機器に置き換えられている。モーターも制御装置も以前とは一変したわけである。もはや共通点は「レールの上を走ること」だけといっても決して過言ではない。

静かになったＶＶＶＦ車両

半導体素子を使用したＶＶＶＦインバータ制御車両が登場した当初は、その独特なモーター音が新しく感じられたものだが、この方式が普及しだすと、〝騒音〟として問題視され始めた。

従来のツリカケ駆動がカルダン駆動となって静音化がなされたわけだが、再びウルサイ車両になってしまった。特有の磁《じ》歪音《わいおん》がその正体である。

これはパルスが変化するたびに電源周波数が変わることに起因するものだが、モーターを滑らかに起動回転させるために必要な制御である。

出力電源が低い時にはパルス数を多くして回転数を上げ、さらに出力が増すにつれてパルス数を減じていく必要がある。でないと、電力消費にムダが生じてしまうからである。

これを次ページの図８に示そう。

非同期領域とは変調周波数を出力周波数の整数倍にしない領域のことで、静音化につながるが、ＧＴＯサイリスタでは非同期領域の拡大には無理があった。これは非同期モードから同期モードへの切り替え時の演算に時間を要するためであり、初期のインバータでは低周波数領域に限られたからである。

したがってパルス数変調が多く必要とされ、そのたびに磁歪音が変わり、あのＶＶＶＦインバータ制御特有の音が発生する。

「ウイーン、ウォ〜ン」という音の正体がこれである。

しかし日進月歩の技術革新によって、ＧＴＯサイリスタからＩＧＢＴトランジスタの発達でパワー素子の高周波化およびＩＣメモリの量的拡大で非同期領域の拡大が可能になり、今では三パルスモードから同期モードへ移行できるようになった。

これで静音化を達成している。

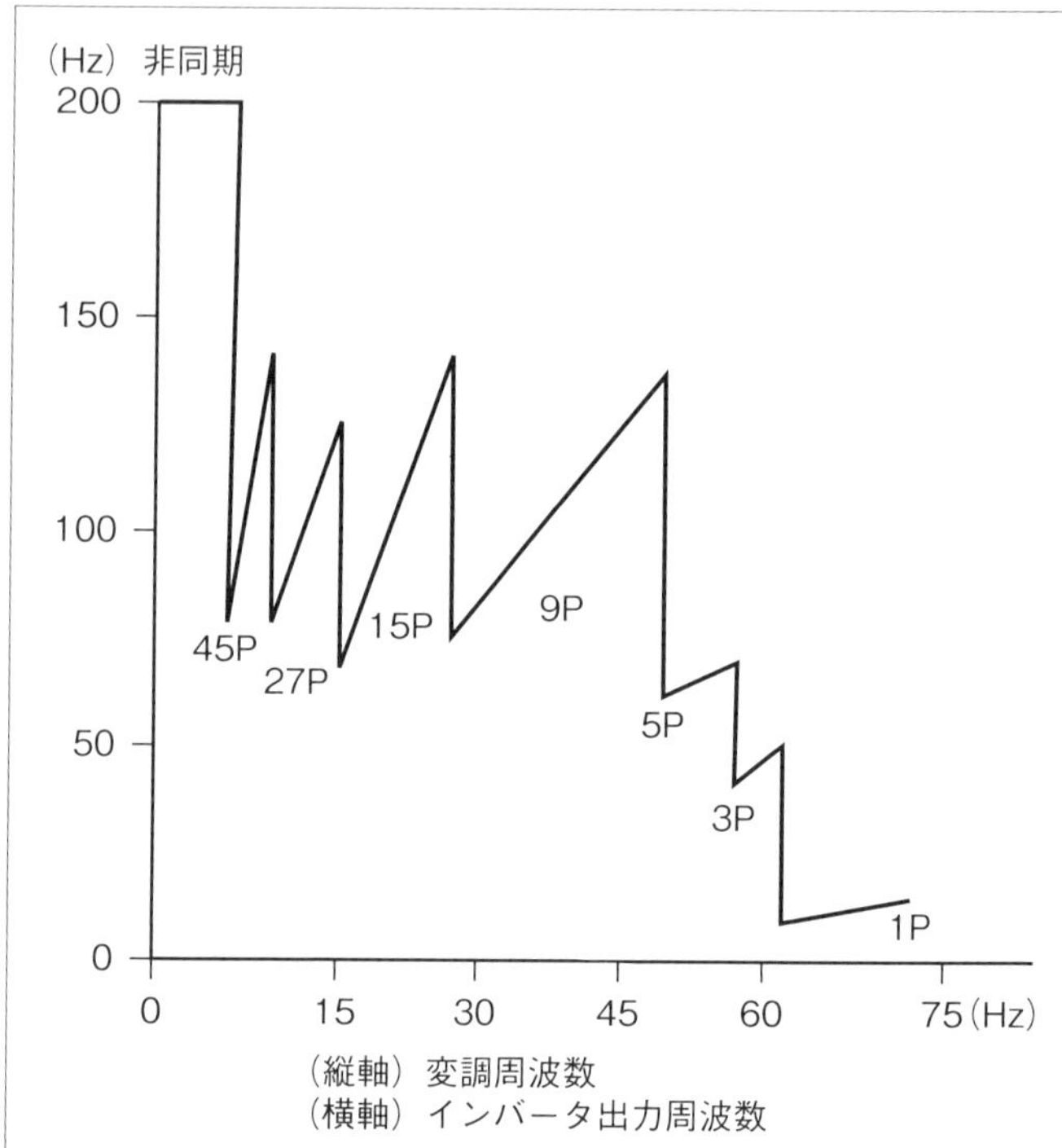

図8　VVVF車両におけるパルス変化のグラフ

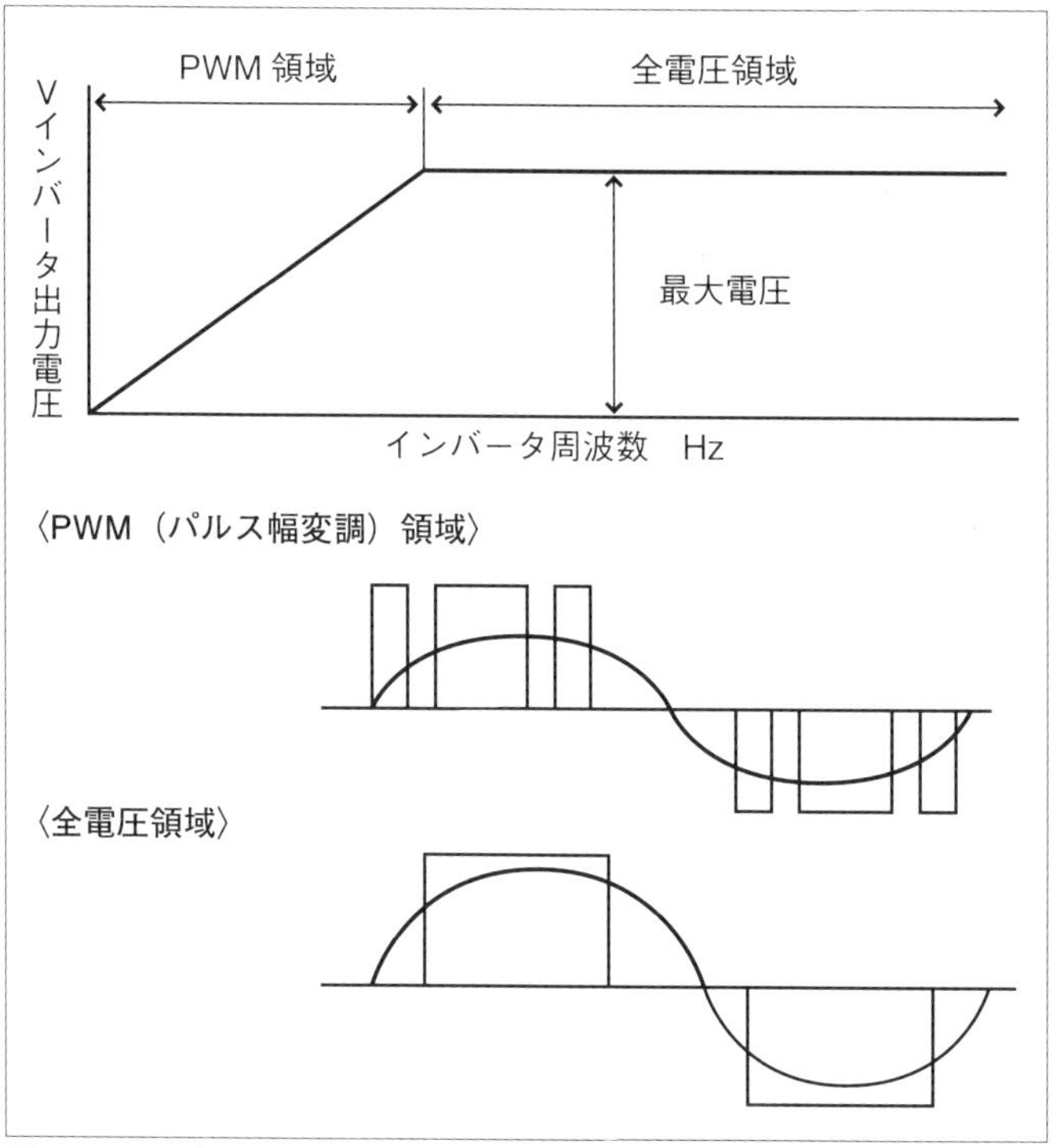

図9 インバータ制御の周波数制御

最新のＶＶＶＦインバータ制御車両にかつての「うなり」はほとんどない、といえるだろう（図９参照）。

ところで、一パルスモードではパルス幅制御がない電気角波形である（電気角一二〇度）。

この出力波形を展開した基本周波は次の図10の通りである。

交流誘導モーターは直流モーターのような直並列制御が不要なので（抵抗値を変える必要がない）、すべて並列接続される。

架線電圧が直流一五〇〇ボルトであれば、その実効値は交流にすると次ページ上の式の通り、直流一ボルトが交流〇・七八ボルトにあたる。

よって直流一五〇〇ボルトは交流変換で一一七〇ボルトになるわけだが、実際はフィルタリアクトルによる電圧降下やインバータ効率分を考えると、約六％程度の損失が発生するので、一一七〇ボルト×九四％≒一一〇〇ボルトに相当する。

架線電圧ＤＣ一五〇〇ボルトの場合、モーターへ印加（電気を供給する）される交流は一一〇〇ボルトということだ。

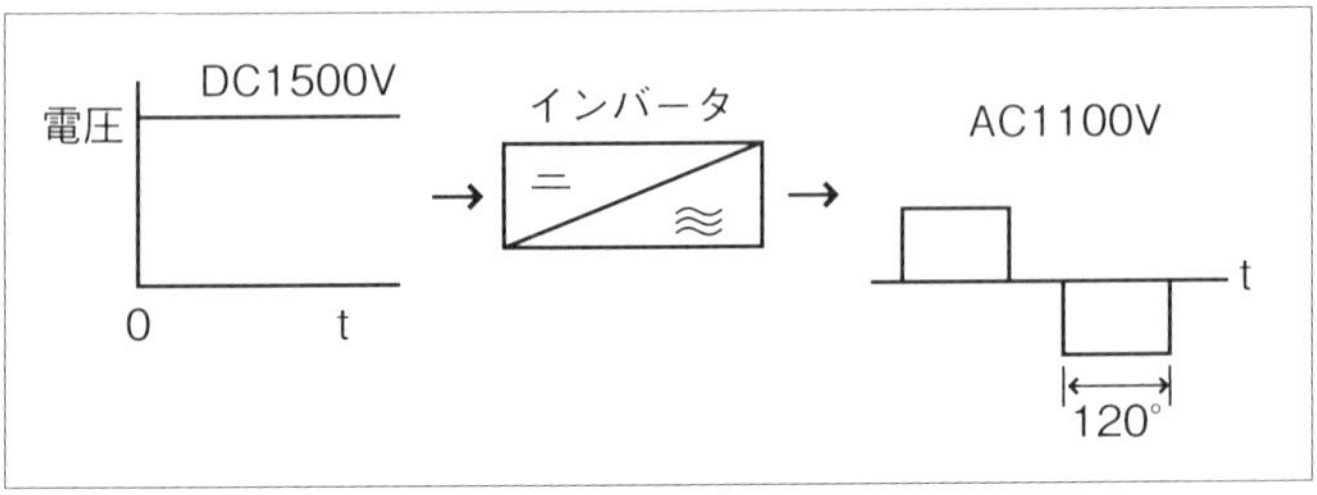

図10　1パルスモード周波数制御概念図

$\theta = 120^\circ$　E＝架線電圧

$V = \frac{4}{\pi}E\frac{\theta}{2}\sin$

この実効値は

$V = \frac{\sqrt{6}}{\pi}E$

$V \fallingdotseq 0.78$

DC1500 ＝ AC1170V

よって直流一五〇〇ボルトを電源とするＶＶＶＦインバータ制御車両のモーター電圧は一一〇〇ボルトになる。

ＩＧＢＴの発達で高速スイッチング性能が向上し、ＶＶＶＦインバータ制御の静音化が実現したが、実は少し前にも静音化した方式があり、ＪＲ西日本の２０７系がそれである。

これは架線電圧の直流一五〇〇ボルトをＧＴＯサイリスタチョッパで直流一二〇〇ボルトに降圧（回生時は昇圧）してトランジスタへ入力することで静音化を得ている。

当時はトランジスタの耐圧性能が低かったため、こうした回路を組んでいた（図11参照）。

最新のＩＥＧＴではＧＴＯの大容量制御性能とＩＧＢＴの高速スイッチング性能を併せ持っているものとなっている。

これはカソード側のキャリア蓄積不足を解消するためにトレンチゲート構造を改良することで改善しているもので、オン抵抗を軽減させることができる（ＩＥＧＴ＝Injection Enhanced Gate Transistor）。

このように、ひと口にＶＶＶＦインバータ制御といっても、さまざまな種類がある。

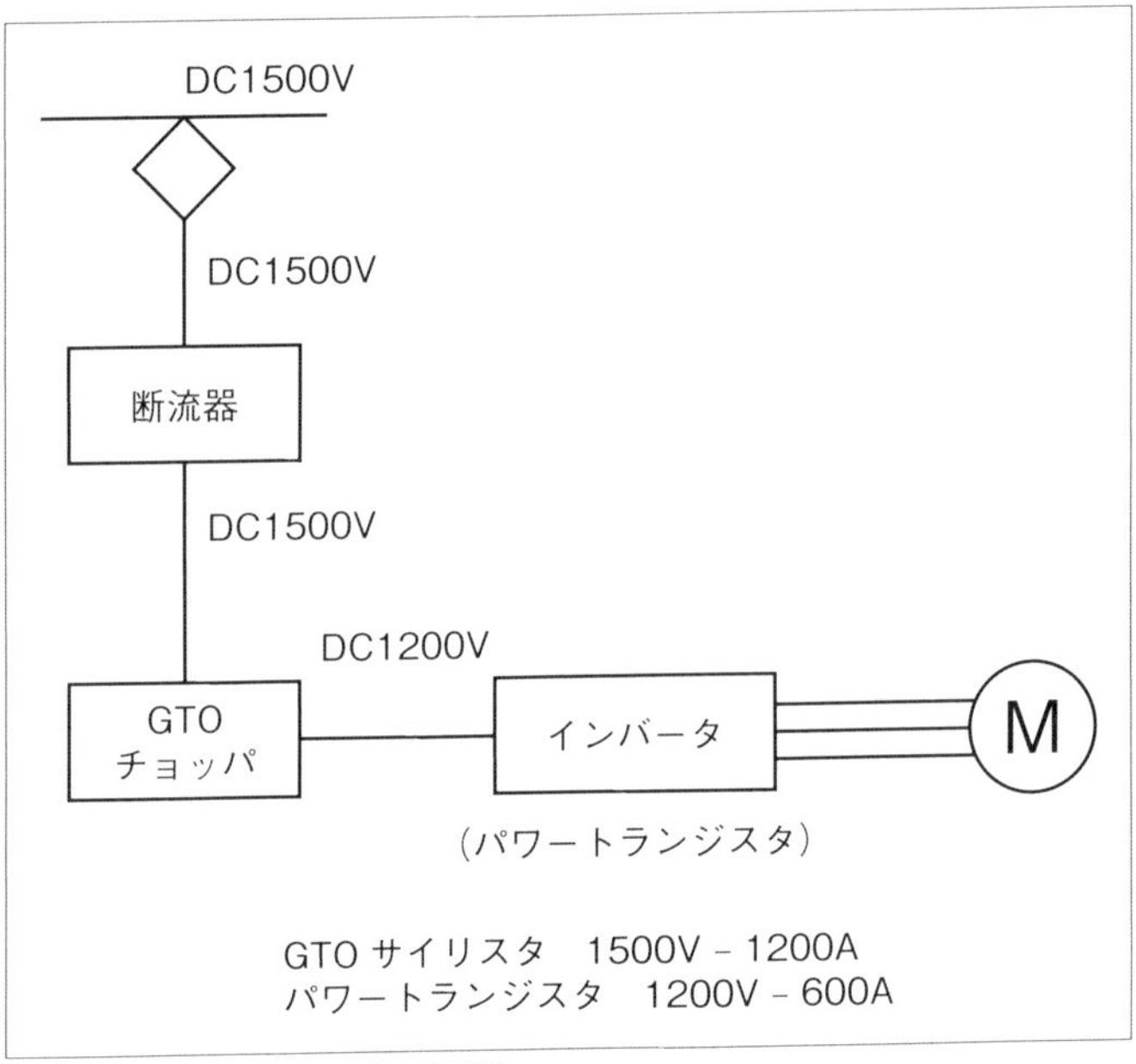

図11　JR西日本207系の回路

日々進化を続けていることがおわかりになると思う。

第5章

制動のメカニズム

――ブレーキのシステム

「基礎ブレーキ」＝空気ブレーキのシステム

本章は〈第4章〉同様、メカニックについても見ていくので、しんどい箇所だなあと途中で思われた方は流して読んでいただいてもかまわない。ポイントだけ押さえておけば大丈夫である。

さて、モーターに次いで、ブレーキについてである。

電車のブレーキには空気圧を利用した「空気ブレーキ」と、モーターを利用した「電気ブレーキ」がある。ここでは空気ブレーキについて記したい。これは「基礎ブレーキ」と称することからもわかる通り、もっとも重要なブレーキとなっている。

その方式は多くあるが、大きく分けて減圧ブレーキと加圧ブレーキとがある。

今の電車はほとんどが「電磁直通空気ブレーキ」を使用しており、これは加圧ブレーキにあたるが、ひと時代前の電車には減圧ブレーキに相当する「自動空気ブレーキ」が使用されていた。

「自動空気ブレーキ」はAM系ブレーキとも呼ばれるもので、電動空気圧縮機で作られた圧縮空気を制動管と釣り合い管に込めておき、ブレーキ弁操作で制動管を減圧することにより、制動つまりブレーキが作用した。

今ではあまり使用されず旧式車両にあるのみで、ほとんどの車両（電車）は前出の電磁直通空気ブレーキとなっている。

電磁直通空気ブレーキ――主流のＨＲＤ方式について

主流となった電磁直通空気ブレーキには、空気圧指令式のＨＳＣ方式と、電気指令式のＨＲＤ方式に大別できる。ともにメリットは自動空気ブレーキより応答性が早く、また操作がしやすい。

ここでは現在の標準になっているＨＲＤ方式について詳しく語りたい。

これにもデジタル指令式（ＨＲＤ）、アナログ指令式（ＨＲＡ）、デジタル指令アナログ変換式（ＨＲＤＡ）があり、さらに分類すると、デジタル式には非演算形、空気圧演算形、電気演算形があるわけだが、演算形とは電気ブレーキとのブレーキ力を連動させた方式で、「Ｔ車おくれ込め空気制動」や「Ｔ車先込め空気制動」を行うものだ。非演算形は電制と同時に等量の空制力をＴ車に作動させる。

ＨＲＤではブレーキ制御器からデジタル指令線を介して空気ブレーキ制御器と電気ブレ

HRD方式・非演算形

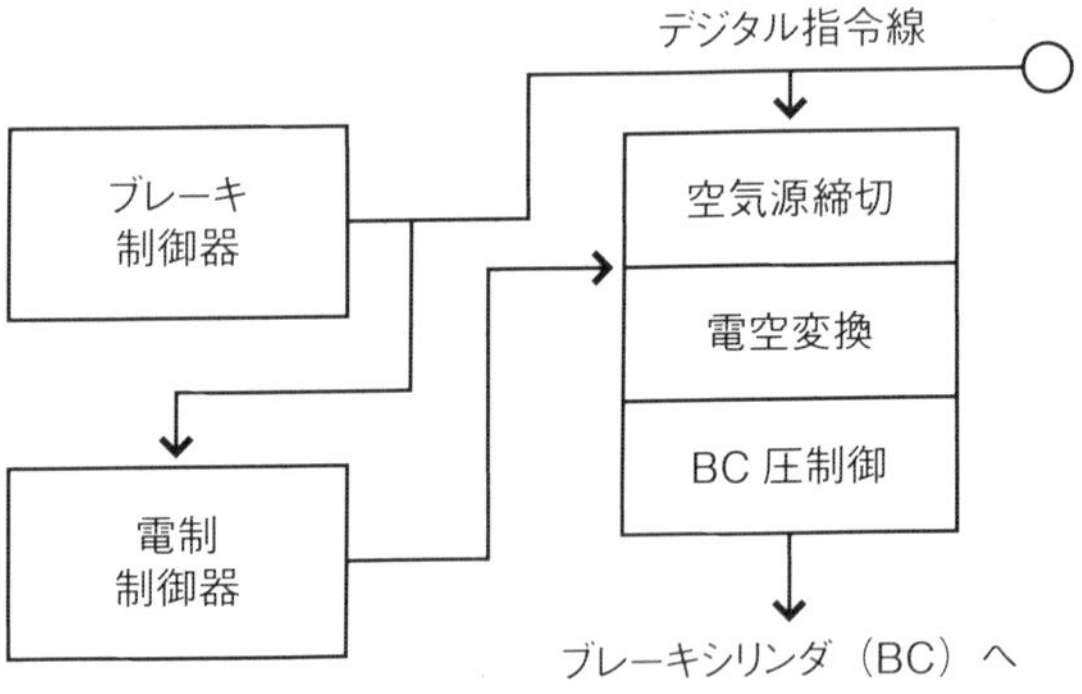

HRD方式・空気圧演算形

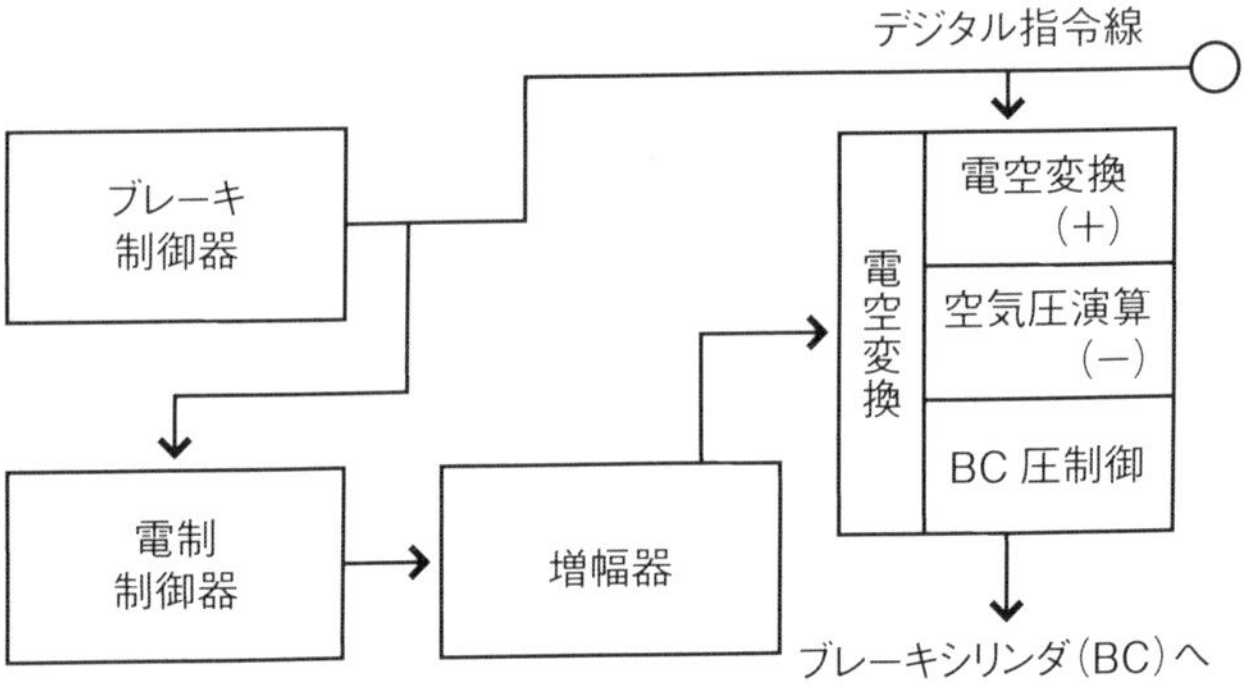

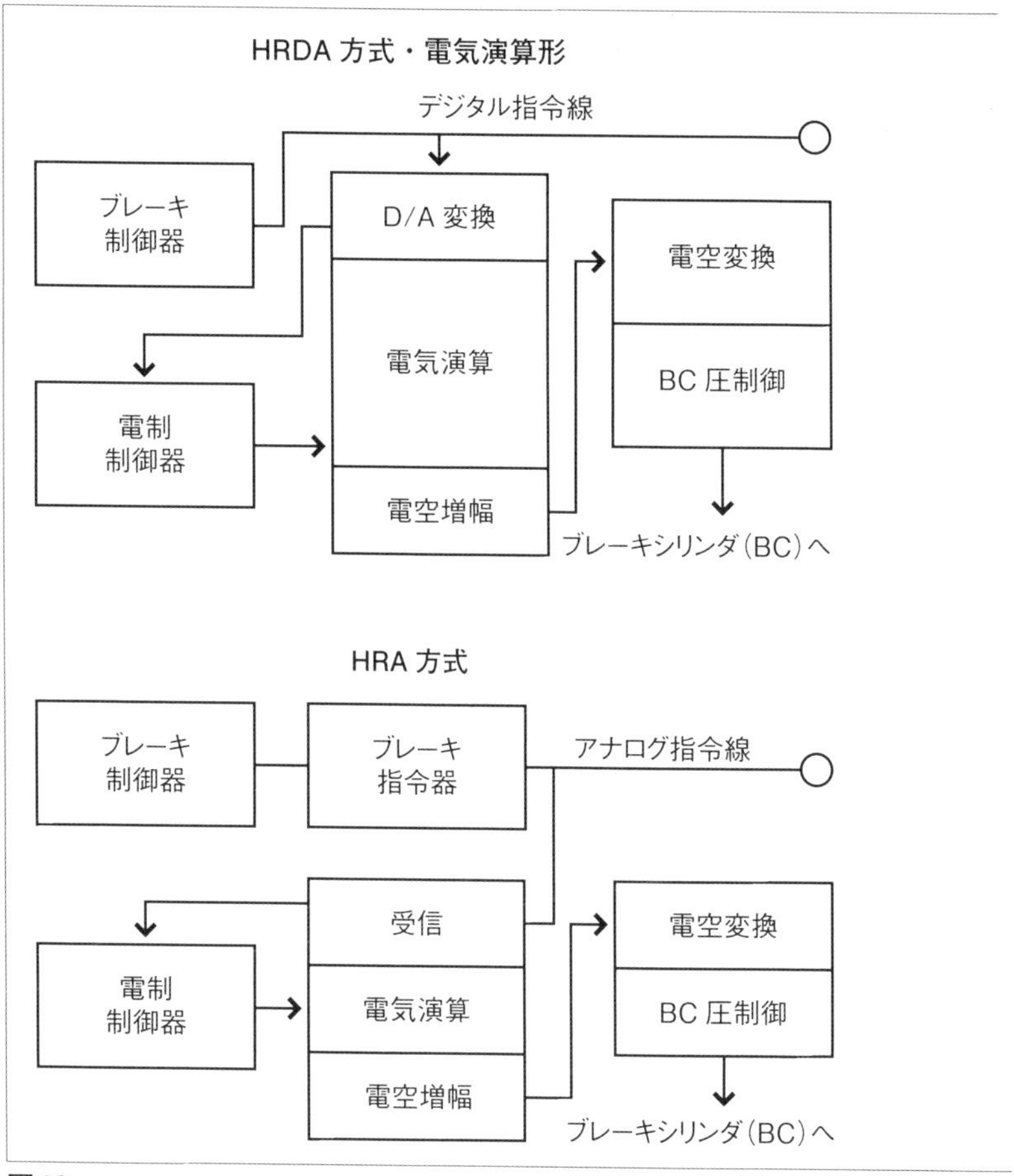
HRDA方式・電気演算形
デジタル指令線
ブレーキ
制御器
D/A変換
電気演算
電空増幅
電制
制御器
電空変換
BC圧制御
ブレーキシリンダ(BC)へ
HRA方式
ブレーキ
制御器
ブレーキ
指令器
アナログ指令線
受信
電気演算
電空増幅
電制
制御器
電空変換
BC圧制御
ブレーキシリンダ(BC)へ

図12

ーキ制御器へ指令を送り、ブレーキ力を得る。

ＨＲＤＡでは受量装置までをデジタル指令で送るが、ここで「デジタル↓アナログ」変換をして空気ブレーキ制御器と電気ブレーキ制御器へアナログ指令をする。

また、ＨＲＡではブレーキ制御器からアナログ信号を送り、同様のブレーキ指令を行っている。

これは図示（86〜87ページ図12）したほうがわかりやすい。

アナログ指令線は一本で電圧または電流制御であり、デジタル指令線は三本であり、これには純二進および交番二進式がある。ともに三ビットだが、デジタル指令線を七本として順次加圧式としたものがある。これは新幹線車両に多い。

指令線は次ページの図13のように三線だが、これの組み合わせで制動力を指令すると、七段階となる。つまり信号は、００１、０１１、０１０、１００、１０１、１１１、１１０となり、「0」を「オフ」、「1」を「オン」として対応させている。

順次加圧式は保安度が高いものの、重量増やコスト、メンテの問題があるため、新幹線以外での採用例は少ない。

非常ブレーキは常時加圧された往復引き通し線で構成され、無加圧になると作動する。いわゆるフェールセーフ化（安全側に制御されること）がされている。

純2進3ビット指令式

指令線＼ブレーキノッチ	1	2	3	4	5	6	7	EB
1	●		●		●		●	
2		●	●			●	●	
3				●	●	●	●	
EB	●	●	●	●	●	●	●	

交番2進3ビット指令式

指令線＼ブレーキノッチ	1	2	3	4	5	6	7	EB
1	●	●				●	●	
2		●	●	●			●	
3				●	●	●	●	
EB	●	●	●	●	●	●	●	

順次加圧式

指令線＼ブレーキノッチ	1	2	3	4	5	6	7	EB
1	●	●	●	●	●	●	●	
2		●	●	●	●	●	●	
3			●	●	●	●	●	
4				●	●	●	●	
5					●	●	●	
6						●	●	
7							●	
EB	●	●	●	●	●	●	●	

図13　さまざまな指令方式

列車分離で線が切れた場合も無加圧になり、非常ブレーキが作動する。

なお、省略された英語は以下のもので、これらが組み合わさって名前になっているのでシステムがわかりやすいだろう。

HR＝High Response
D＝Digital
A＝Analog

これら電気指令によるHRD方式を総称して「全電気指令式電磁直通空気ブレーキ」と称している。

運転台に空気管の立ち上がりがないので、ブレーキ弁ではなく、ブレーキ制御器と呼ばれている。

このデジタル、アナログおよびその複合で指令する電気信号のかわりに、空気圧指令で操作して電磁弁を開閉する方式が、従来のHSC方式である。

HRD、HRA、HRDAでは双針圧力計の針が「元ダメ」と「ブレーキシリンダ」のみで、ほかにブレーキ指令計が運転台にあるが、HSCでは双針圧力計が二個あり、「元ダメ」「制動管」と「直通管」「ブレーキシリンダ」である。いずれの例でも圧力計は双針計が用いられている。

旧来の自動空気ブレーキでは「込め」「弛め」「かさなり」で操作したが、HSCではセルフラップ帯（ブレーキハンドルの操作角度）でブレーキ力が得られるため、操作しやすい。

なおHSCという呼称にメーカーの違いはないが、HRD系では三菱電機でこれをMBS、MBSAと称している。

自動空気ブレーキは、その呼称法が複雑を極めるため総称して「AM系」と称している例が多い。

たとえば、AMAではM、Mc車がAMA、Tc車がACA、T車がATAとなり、わかりづらく、三動弁や自在弁などの別で末尾が変化する。AMAに非常吐出弁が付くと、これがAMAEに変化したり、とにかく複雑である。

たとえば、AMCDは発電ブレーキ連動の自動空気ブレーキだが、この編成のT車（サハ）はATC、Tc車（クハ）はACCと表記するのが正式だが、通常はその編成のM車をもってAMCDという場合がほとんどである。

これはHSC系でもHSC-D、HSC-Rは当然M車のみであり、T車、Tc車はHSC

だが、やはりM車で代表させ、ＨＳＣ-Ｄ、ＨＳＣ-Ｒと呼んでいる例が多い。

ブレーキ方式の呼称はこうした面倒がある。

自動空気ブレーキは、客車、ＥＬ、ＤＬ、ＤＣ、貨車で使用されているが、電車の常用ブレーキとしては使用されなくなった旧式のブレーキである。

電車の場合、このブレーキ方式が異なる編成を混結するにはブレーキ読み替え装置が必要になるが、この例もそう多くない。甲種回送の例を除くと、営業列車で異形ブレーキ車同士を編成しないのが通例である。

抵抗制御車両とＶＶＶＦインバータ制御車両との混結は可能だが、この場合もＶＶＶＦ車の「接地検知」の動作に余裕を持たせる必要がある。でないと抵抗制御車のノッチオフに伴う架線電圧変動で保護回路が働く場合がある。

第6章

電車の色彩学

――内装と外装

車両外観の変遷——炭素鋼からステンレス、アルミ合金へ

メカニックの話にずいぶんと触れたので、ここでは感覚的な問題を扱ってみたい。電車の見た目についてである。鉄道ファンのみならず、多くの乗客の関心が集まる領域であろう。

ステンレス車両やアルミ無塗装車両の増加で塗装の省力化が進み、内装もアルミデコラ板やＦＲＰ（繊維強化プラスチック）の多用で、外装に先んじて無塗装化されている。それは車両を保守する上で大きなメリットがあるからだ。

まず外装について考えてみよう。

ステンレスやアルミ合金車両が普及するまで、車体は炭素鋼で造られていた。これを鋼製車という。さらにこれには普通鋼と高抗張力鋼とがあって、後者のほうがコストは高くつくものの、軽量化ができる。

しかし鋼であるため、当然、サビが出るし、腐食もある。

塗装には「化粧」という意味のほかに金属をサビや腐食から「護る」という意味がある。

つまり鋼製車体にとって必要不可欠なものだ。

アルミ合金は鋼にくらべ腐食しにくいのだが、それでもステンレスには及ばない。それでアルミ合金車体にも鋼製車同様に塗装を施したり、透明なクリアラッカーで保護する場合もある。その点ではステンレス車がすぐれており、さらに軽量ステンレス車が登場すると、アルミ合金車同等の軽量化が可能になり、こちらのほうが総合的に見て有利である。それで最近ではステンレス車が圧倒的なシェアを持つようになっている。

私鉄（民鉄）におけるアルミ派とステンレス派

関東大手私鉄（民鉄）でこれを見ると、アルミ合金車を〝最新車両〟として製造するのは、東武、西武の二社と東京メトロ。

「ステンレス車の元祖」たる東急をはじめ、小田急、京王、相鉄、京成がステンレス車になっている。京急もアルミからステンレス車に切り替えた。なかでもアルミ派であった相鉄が10000系でステンレス派に転身したことが特筆される。その逆にアルミ派に転向したのが西武と東武である。東武では100形スペーシアにアルミ塗装車体を用いたのだが、通勤車両は9000系以来30000系に至るまでステンレス車を造り続けてきた。

それが５０００系からアルミ無塗装車になった。西武は６０００系の途中からアルミ派へと変化した。

ステンレス車の大御所「東急車輛製造」とアルミ合金車の老舗「日立製作所」

日本における車両メーカーは、東急車輛製造（現、総合車両製作所）、日立製作所、日本車輛製造、川崎重工、アルナ車両、近畿車輛があり、これにＪＲ新津車両製作所や新潟トランシスなどが加わる。

さらに阪神電鉄の武庫川車輛や西武鉄道などが自前で車両を制作した歴史も見逃せない。

そうしたなかにあって、ステンレス車とアルミ合金車を広く普及させたのが東急と日立だ。

とくにオールステンレス車を日本に初めて導入した東京急行電鉄と、その関連会社であった東急車輛の功績は大きいといわねばならない。

一概にステンレス車といっても、外板のみがステンレスのセミステンレス車と骨組みまで含めてステンレスのオールステンレス車がある。通常、ステンレス車と考えるのは後者のオールステンレス車のことである。

オールステンレス車はアメリカからの技術導入

日本初のオールステンレス車が登場したのは昭和三七年（一九六二）で、東急７０００系である。

この車両は、東急車輛が、当時はアメリカのペンシルベニア州フィラデルフィアにあったバッド社の車両製作技術を得て、日本国内でライセンス生産した製品である。それ以降、東京急行電鉄で使用する車両はオールステンレス車になり、ステンレス車といえば東急、という時代が長く続くことになる。

他社でいち早くこの技術で生産した車両を導入したのが京王帝都電鉄（現・京王電鉄）と南海電気鉄道の二社。京王３０００系、南海６００１系がそれに相当する。

ただし、オールステンレス車はライセンス生産なので、そのパテント切れまでの二〇年間は、他の車両メーカーで造ることができず、また車両価格が高いことで全国的に普及するには時間がかかった。

補足すると、保守費は軽減されるのでトータルで考えればペイ可能なのだが、しかしイニシャルコストの高さがネックになったこともまた確かだ。

一方のアルミ合金車は保守の面でステンレス車に劣るが、軽量化でひと足リードしていた。

営団5000系の一部、相鉄2100系あたりから普及するようになった。

相鉄では日立とのつき合いが濃く、昭和四二年（一九六七）に同社6000系のモハ6021でアルミ合金車を試作している。

ただし量産車として登場した2100系、5100系は東急車輌で造られ、日立製のアルミ合金製量産車は7000系からだ。2100系、5100系は旧型車からの車体更新車として登場したグループである。営団が本格的にアルミ合金車を導入したのが千代田線向けの6000系からであり、以降、一貫してアルミ派となっている。

関西では阪急がアルミ派の代表格。

一方のステンレス派は南海という時代が長く続いた。

モノトーンの美学

ステンレス車が登場して以来、その車体に色彩を施す例は少なくとも京王（井の頭線）

3000系など一部の例を除き、まったく「化粧」を施さない「ノーメイク車」が主流を占めていた。

徹底した省保守性がステンレス車の目玉であり、そのドライな印象が近未来的な美しさとして評価されたからだ。

とくに雪景色のなかを走るステンレス車はモノトーンの世界であたかも水墨画を思わせる。

まだステンレス車が稀少であった頃、それなりの美しさが感じられた。

なにしろ関東では東急と京王井の頭線、関西では南海高野線で見られる「風景」でしかなく、ごく少数のセミステンレス車を持つ阪神や、営団日比谷線用3000系が相互乗り入れしてくる東武伊勢崎線と東急東横線でしか見られなかった。

まさに昭和三〇年代の風景であろう。

いわばノーメイクであることがステンレス車のアイデンティティーであった。

ただしこれは視認性に問題があり、そうした点を早くから解決した京王には先見の明がある。3000系の前面上半分にFRPを施し、編成ごとに七色に色分けしたセンスのよさは1000系にも受け継がれる。

ステンレスやアルミ合金車両が主流になるなか、各社とも帯色で個性を出す工夫をし、今ではそれが主流になっている。

その帯色も従来の塗装車両の伝統色を生かした小田急のロイヤルブルー、バス色とそろえたバーミリオンレッドの東急と各社それぞれだが、東京メトロやＪＲ東日本では路線別の表示カラーを施し色彩に案内性を与えた点が評価できる。

そうしたなかで登場した東武５００５０系などは従来のマルーン帯を改めシャイニーオレンジを施し、かつてのインターナショナルオレンジとローヤルベージュの二色塗り時代の通勤車の再来のようでなかなかのセンスだ（５００００系グループはアルミ車）。

西武はいわゆる「ライオンズブルー」だが、鋼製車両で用いているレモンイエローだと統一性が出るのではないかと思う。

京成のトリコロールカラーは鋼製車両やＡＥ１００形とも統一がとれていて整合性がありよいデザインだ。

一方、内装に目を転じると、各社ともホワイト系の壁面が多く無難である反面、個性に欠けている。そうした流れのなかで東急３０００系のラベンダーや５０００系のライラックブルーが斬新に映る。

色彩の好みはもちろん個人差があるので難しいところではあるが。

ＪＲ東日本２０９系で採用した少しだけブルーがかかったライトグレイは非常に清潔感

と清々しさがあって好ましい色に思われる。

ホワイト系では汚れが目立ってしまう。

私の好みでは東急初代7000系がデビュー当時に用いていたベビーピンクが一番である。東急の車両は、8000系から2000系まで切妻《きりづま》スタイルといって前面を平面で構成する通称「食パン」型でありドライな車両だが、内装に凝ったものが多い。ロールカーテン（日よけ）に沿線風景を織り込むなど工夫が見られる。

以前の西武5000系レッドアローが登場時に採用したパンジーの花を抽象的にデザインした壁面もユニークだった。淡い黄色味がかったクリーム色とともにメルヘンティックな内装である。

各社とも横並びではつまらない。内装には個性があってよいのではないかと思う。車体形状や性能の標準化はコストダウンで仕方がないが、逆に内装の工夫は求められるべきである。

小田急など通勤車両の壁面（アルミデコラ）に神奈川県の花である山百合を淡く抽象画的にデザインしてもよい。

京阪は京都・嵯峨野《さがの》あたりの竹林をモチーフにするとか、そうした微細なセンスが大切になってくると思われる。

それも一つの「沿線文化」の表現法だからだ。

第7章

電車の快適学

——座席、騒音、室温

〝快適〟感覚のあれこれ

快適学――簡単なようで難しいテーマだ。

前章の話にも共通することだが、個人によって快適さの感じ方が違う。

古い話であるが、昭和四〇年代半ばのこと、当時はまだ冷房車普及前夜であり、真夏に窓を開けて一〇五キロで市街地を飛ばす京急の「快特」は実に気分爽快に感じたものだ。が、当時、友人の一人がそれを怖いと言っていた。

感じ方はことほどさように、私とまるで逆の感じ方をする人もいるので、これは極端な例であるが、まさに個人差そのものである。

京王が車両冷房を始めた時代に、「冷房はいらない！」とコメントしてきた人がいたと聞き、驚いたことすらある。

たとえば、暑がりの私など絶対に乗らない「弱冷房車」なのだけれど、それを好む人ももちろんいる。私など「強冷房車」を設けてもいいと思っている。

初夏に多い「送風」だけとか、生暖かい冷房車には毎年閉口しているが、こうした個人差があるために快適度を数値化するのは難しい。

乗客の多くが、とくに鉄道ファンは、「クロスシート」を好む傾向がある。クロスシートというのは特急列車やバスに使用されている前向きに着座するシートのことを指す。反対に四人向かい合わせになるものを「固定クロス」、または「ボックスシート」というが、このタイプは見知らぬ人と対面して座ることになるのでそれを煩《わずら》わしく感じる人も当然ながら多い。

しかしこれも知り合い同士なら話がまるで違ってくる。これなど状況の相違であって、同じ設備の評価が一変してしまう好例だ。

そして、ラッシュ時にはかえって「ロングシート」——これは一般の通勤電車のシートのことだが——むしろ使い勝手がよくなる。

つまり快適度を考える難しさが、こうした点にあるわけだ。相反する条件をどう調整するかにかかってくる。

JR横須賀線のグリーン車に国鉄当時、サロ113形を連結したことがある。その座席は本格的なリクライニングシートでサロ111形のリクライニング機能がない座席よりグレードアップしている。ところがこれが乗客に不評だった。その理由はリクライニングシートにしたことで座席定員が減ったからだ。

朝夕のラッシュ時に不適と評価された。

東海道本線と横須賀線はグリーン車利用の通勤客が多く、少々設備が落ちても座席数の多い車両が好まれた。

今のサロE217形やE231形が二階建て車両にして座席数を増やした理由がここにある。

朝のラッシュ時で見ると、横須賀線グリーン車は、鎌倉でほぼ満席（上り列車）。東海道本線も藤沢でそうなる。横浜乗車だとまず座れない場合が多い。

その昔、70形や80形が走っていた頃――それは「一等車の時代」であるが――、通勤時間帯におもしろい独自のルールがあった。

通勤時の乗客は半ば顔見知りになる。毎日同じ時刻の列車に乗るからだ。

これから記す話は葉山に住む私の知人から聞いたものである。当時、彼は逗子から東京まで横須賀線で通勤していた。

逗子で乗車し、いつも自分が座る席がふさがっていて他に空席があっても、その空席はいつも鎌倉から乗ってくる人が使う席なので、あえて使わずに彼は立っていたそうだ。

常連客同士が自然に取り決めたちょっとした自主的なマナーであったとのことだ。

今のグリーン車には残念ながらこうしたマナーや風情などはないし、まさに古き佳《よ》き時代の象徴的なエピソードであろう。

当時は道路事情が悪く、東京への通勤は車だとゆうに二時間以上を要したらしく、会社の送迎車ではなく電車を利用する人が多かったそうだ。

また快適さで思い出すのは、東海道新幹線の座席であるが、あれはあまりいただけないものだった。

0系新幹線の座席は腰痛地獄……

昭和五七年（一九八二）、まだ東海道新幹線は初代0系が主力だったが当時私は所用があって東京〜新大阪間を毎日利用していた。

今になって思うと、あの0系のゴールデンイエローのリクライニングシートが懐かしくもなるのだが、座面のスプリング配置が粗く、浜松あたりでどうにも腰が痛くなる。あれにはいつも閉口していた。

きまって私は背ズリを二段目のリクライニング位置にセットし、フットレストも下から二段目にして座る。この状態でいられるのがちょうど浜名湖の弁天島付近までで、その後はこまめに姿勢を変えなくてはならなかった。

旅客機の座席でそうした体験がないから、シートに工夫《くふう》がほしいと思った。今の700

系、N700系では改良されてホッとしている。

優等車両の座席には低反発ウレタンが向く。テンピュールベッドで使用されている素材がそれだ。

新幹線の個室は窓の位置が高く、しかも防音壁しか見えないことが多かった。

ここ近年急速に増えた国際線ファーストクラスの一人用セミコンパートメントのような座席が欲しいと思う。あれは快適だ。ただ、電車の座席は回転させる必要があるので工夫がいる。

一方、私鉄（民鉄）に目を転じると今も昔も東武特急の車内設備がよい。

100形スペーシアは室内色に華やかさがほしいところであるが、総じてよくできている。

室内灯を暖かい電球色にするとよいのではないだろうか。間接照明で落ち着けるのだが、天井が蛍光灯色丸出しである点が惜しい（最近のLED電球の使用も考えられる）。それと窓回りの材質にひと工夫がいる。ハイパワーな走りは乗っていてわかるが、VVVF車初期の車両だけにモーターの磁歪音《じわいおん》が大きすぎる。GTOサイリスタをIGBTトランジスタに更新するとこれは改善できる。東急9000系についてもいえるのだが、起動から低速域、これをトルク制御というが、その時のパルス制御に伴う変調周波数制御に改善の余地がある。しかし、これもGTOサイリストでは難しい。

インバータ出力が小さい領域なのでモーターの電流を正弦波に近づけてスムーズな回転をさせるために、このパルス制御を行っている。

その時に発生する磁歪音である。一定周波数で回る直流モーターと違って交流モーターの泣きどころになっている。

ロングレール化や弾性分岐器、防振枕木の採用で走行音は静かになったとはいえ、モーター音がVVVF化で逆に大きくなった。

日本の電車はうるさい!?

ヨーロッパを歩くとよくわかるが、路面電車などではヒューンといったモーター音しかさせず、駆動装置のギア音がほとんどしない。クーラーも静かだ。

日本の電車はその点、総じてうるさい。JR103系に至っては「騒音」が走っているというに等しい。

音に関する許容が日本人はゆるやかである。海外では子どもまで静かだ。レストランで泣きわめく姿をほとんど見ない。

最近ようやく通勤車両のクーラーの静音化がはかられてきたものの、従来のクーラーは音に対して無頓着《むとんちゃく》だった。

ブルートレインの電源車など、すさまじい騒音をまき散らし、ホームで会話することすらできなかった。ドア開閉時の空気吐出音、偏平車輪の走行音、連結器緩衝装置音と挙げたらキリがない。

通勤車両側窓のガタツキも気になる。

そうした音への取り組みが全般的に日本の鉄道には必要だ。

とくにサッシ付きの一枚下降窓のガタツキが目立つ。やはりサッシレス化が重要になるところだ。

エアコンを上手に活用すれば、本来、窓は固定でよい。換気機能をエアコンに備えることで十分対応できる。窓の固定化は車体強度の向上にもつながる。

ロマンスカーなどではこまめな空調管理を行っているが、一般車両においてかならずしもそれができていない。開扉回数、乗客の増減、そしてデッキがない車両構造なので仕方ない点もあるが、湿度管理を考え除湿に意を払うべきである。季節に関係なく、たとえ早春や晩秋であっても車内が蒸し暑い時には冷房や除湿が必要になる。とくに固定窓が多い車両ではそれが重要なサービスだ。

車内保温の徹底

冷暖房使用中の車内保温を徹底するために急行待避の長時間停車（五分以上の停車）では扉の選択開閉をすべきである。一両に片側四ヵ所あるドアのうち、一～二ヵ所を残して閉扉する必要がある。極力、冷気暖気の損失を防止する必要があるからだ。

ローカル区間においてＪＲが行っている乗客自身による扉の開閉を都市部でも実施するとよい。ドアサイドの開閉ボタンによるドア操作となるが、かなり有効な方法だ。

私鉄においても近郊区間で採用すべき「サービス」である。

とくに寒気が吹き込む冬期など、これがあるとありがたい。山手線など終日混雑する線区では無理だが、都心部を少し離れた場所では意外にムダな扉開閉がある。

通勤車両のクーラーは約四万～五万キロカロリー（時／両）の出力を持つが、それをパワーダウンして省エネルギーと省コスト化に資する。

ランニングコストの削減が大いに可能だ。

京王が始めたホーム待合室設置とその冷暖房化は非常に乗客思いのサービスであり、小田急でも積極的に取り組んでいる。各社にも広く普及することを望みたい。

寒風や熱暑のなかで電車を待つことは、たとえそれが五分、一〇分とはいえどもつらいものだ。

車両の冷房化が一〇〇％達成された今、ホーム待合室の設置とその冷暖房化を早急に実施すべき時代になっている。

そして、こうしたことに要する電力の多くが実は電車のブレーキでまかなえるのである。それは、「回生ブレーキ」といって電車はブレーキを作用させるために自らのモーターで発電し、それを架線に戻す。その電力を走行する電車のモーターが消費することでブレーキ力を得る。それを電車同士でやり取りしているが、さらに駅で使用する電力に供給するシステムがすでに実用化されている。

いわば電車は電力を生産できる。この回生ブレーキというものは古くからあるが、交流モーターで走る車両では簡単にこれが可能だ。その回生率つまり発電量の問題であるが、交流モーターでは大幅にアップしている。

自動車のエンジンブレーキは燃料を生産しないが、電車の回生ブレーキは電力を生産する。

電鉄会社はその意味で同時に電力会社でもある。このことは意外と一般に広く知られていない事実だ。

最新の電車のなかには、時速〇《ゼロ》キロ、つまり停止まですべてモーターで行うものがある。これを純電気ブレーキという。空気ブレーキは駐車ブレーキ的役割になった。その仕組みは複雑なので省略するが、交流モーターの特性を生かした新しいブレーキシステムである。

乗り心地も向上し、停車間際に発生する前後動が改善された。ハード面から快適度向上に寄与している。

また、ブレーキ操作も行いやすくなり停止位置精度が向上し、自動運転を可能にしている。「ATO運転」と呼ばれるシステムのことだ。重要な項目なので詳しくは次章で述べたい。

第8章

鉄道と信号

――ATO新時代の運転

運転士の仕事とATC信号

ATO運転のシステム、いわゆる自動列車運転装置（Automatic Train Operation System）はすでに実用化されている。

東京メトロ南北線（目黒〜赤羽岩淵）をはじめ、新交通システムなどで採用している。運転士が乗務しているもの、そうでないもの（無人運転）があるが、基本的なシステムは変わらない。

ATC信号によって列車が誘導されており、有人運転における運転士の仕事は装置の監視役といってもよい。ワンマン運行におけるドアの開閉、安全確認、列車起動操作が仕事になっている。駅停車や速度制御は自動化されていて手動介入の必要がない。

このATO運転の一歩手前にあるものが、CS-ATCによる手動運転である。ATC（Automatic Train Control System）とは自動列車制御装置のことで、その詳細は後述するが、よく耳にするATS（Automatic Train Stop System）＝自動列車停止装置との違いは列車速度制御をキメ細かく行える点にある。

それは信号の表示（これを「現示」という）に従った速度制限だけでなくカーブなどの

通過速度も制御できる。CS-ATC区間には地上信号機がなく運転台に信号が表示される。

東京メトロ東西線、日比谷線はWS-ATCといって地上信号機を用いていたが、これはATSにATC機能を付加したもので、本格的なATCとはいえない。現在、同線もCS-ATCへ変更された。

ATCとATSの区別はあっても、実際上その機能は共通している点がある。概念としてATSは赤信号（R現示という）の手前で列車を自動停止させる装置であり、ATCはその機能とともに連続して速度を制御するものを指すが、ATSのなかには連続して速度を監視するものも多い。

実状本位でいえば、私鉄型ATSは広義のATCになる。

信号現示ごとに設けた速度チェックができ、制限速度を列車速度が上回っていれば自動的にブレーキをかけ、制限以下にスピードダウンするとブレーキが解除される。こうした速度の多段階制御とブレーキ解除が行えるからである。

道路信号と鉄道信号

前節で話に出た信号現示について、少し細かく見てみよう。

道路信号と鉄道信号も「緑（G）」「黄（Y）」「赤（R）」の三色なのは同じであるが、鉄道信号では二色を同時に現示したり同色の灯を二個示すことがある。

これが道路信号では見られない使い方である。道路信号は「進め」と「止まれ」を示し、黄色信号はもうすぐ赤になりますといった予告である。

鉄道信号のG、Y、Rによる各現示を記しておこう。

緑	緑	高速進行（北越急行のみ）
緑		進行
黄	緑	抑速（京急のみ）
黄	緑	減速
黄		注意
黄	黄	警戒

㊖　停止

各現示に対応した制限速度については各社ごとに定められている。

なお赤には「許容停止」と「絶対停止」の意味があって、以下のような状況で使い分けられる。

出発および場内信号機が示す赤信号は「絶対停止信号」といって文字通り絶対に越えてはならない。ゆえにこれら出発信号機、場内信号機を「絶対信号機」とも呼んでいる。

一方、閉塞《へいそく》信号機が示す赤信号は「許容停止信号」になる。一定時分停止後、一五キロ以下のスピードで進入できる。

出発信号機、場内信号機は駅直近にあるが、閉塞信号機はその限りではない。

信号機は故障や断線があるとかならず赤を現示するようにできている。

駅から離れた地点の閉塞信号機が故障して赤信号を現示すると列車が動けない。

今は列車無線で運行指令所に連絡ができるが、この規則ができた当時には、そうした通信手段がなく列車が立ち往生してしまうことにつながった。そこで赤信号が長く変化しない時には最徐行で進入してよいという規則が生まれた。それが許容停止である。

だからATS装置にも赤信号の先（これを内方という）へ進入できる工夫《くふう》がなされてい

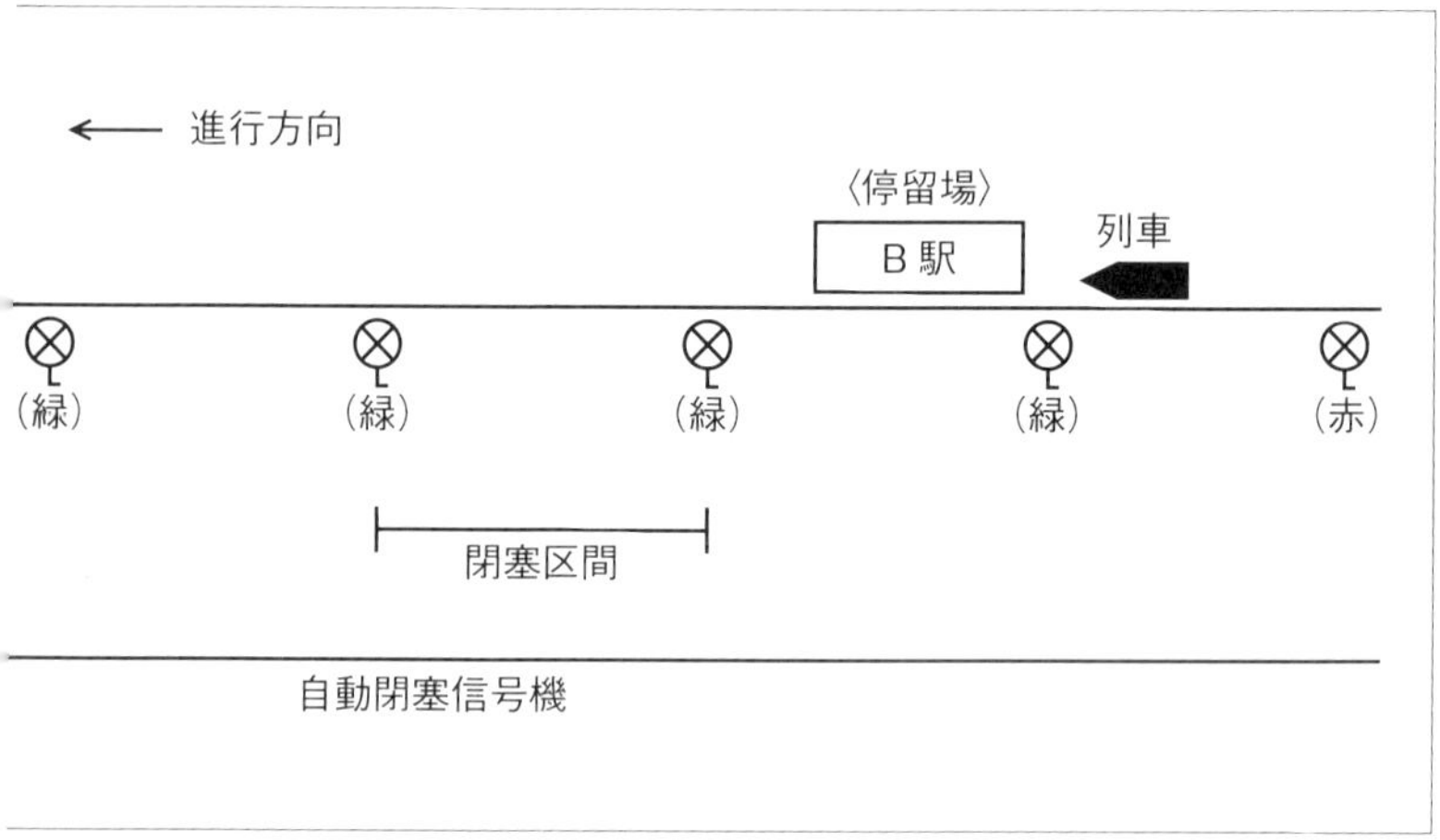

る。

なお、ひと口に「駅」というけれど、場内信号機や出発信号機があるものを「停車場」と呼び、それがないものを「停留場」と呼ぶ。後者は閉塞区間のあいだに設けられた駅を示す。

閉塞区間とは信号機と信号機のあいだを示し、一閉塞区間には一個列車しか入れないことになっている。その概念図を提示しよう（図14）。

「出発進行！」ばかりではない——信号喚呼のこと

列車が発進するとき運転士は出発信号機が緑（G現示のこと）ならば「出発進行！」と喚呼するが、これが黄（Y現示という）だと、「出発注意」と喚呼する。「出発減速」もある。い

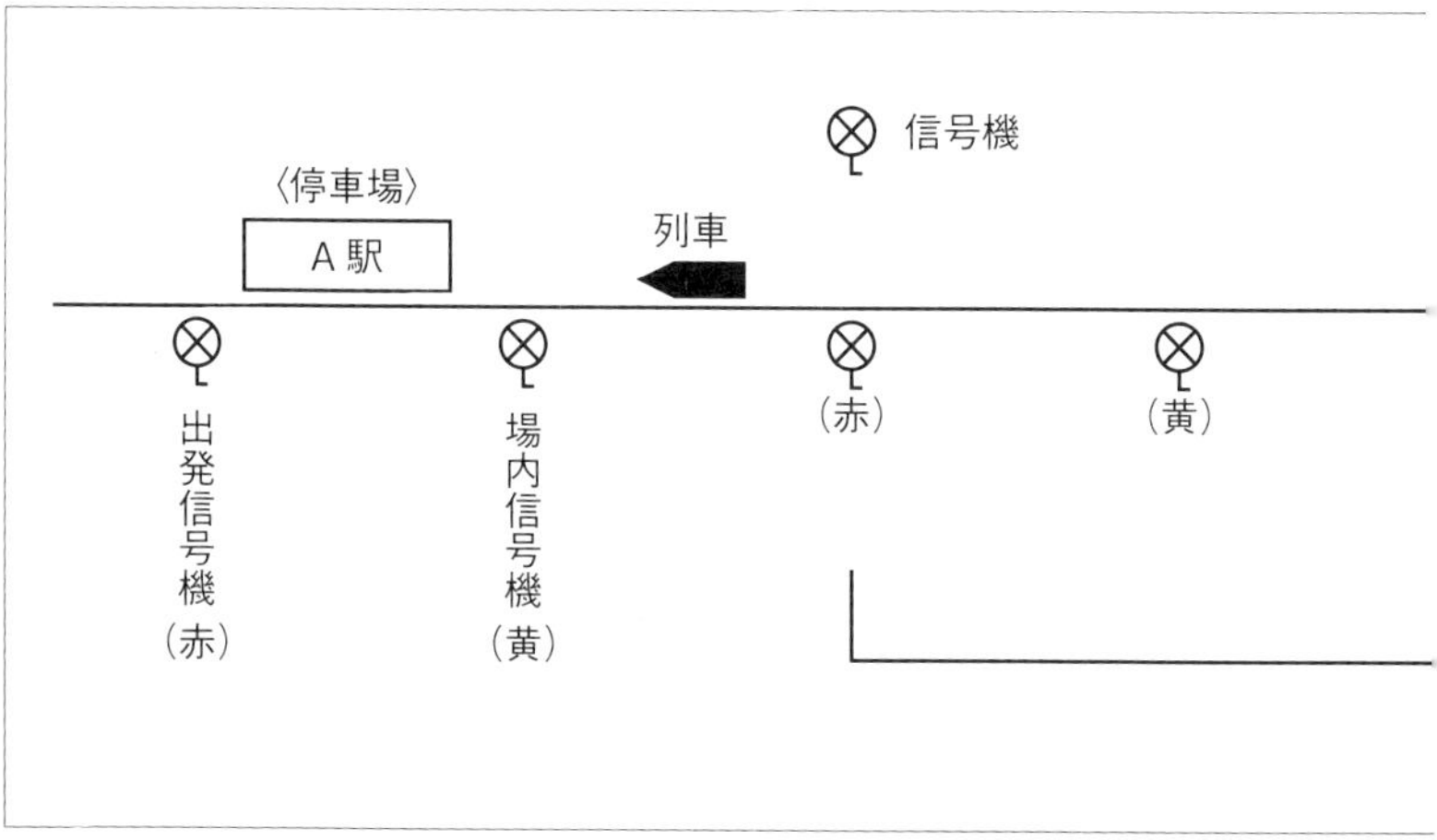

図14　駅と信号機の概念図

つも「出発進行！」と言うわけではない。

また出発信号機がない駅では、「出発〇〇」ではなく「出発相当〇〇」というのが正しい。これは閉塞信号機の現示を出発信号機に見なしているためである。

「出発」という用語はかならずしも「起動」を意味しない。

通過駅においても「出発〇〇」もしくは「出発相当〇〇」と信号喚呼する。

閉塞信号機は「自動〇〇」または「閉塞〇〇」と喚呼する。自動とは、自動閉塞信号機だからである。

ただし会社ごとに相違した喚呼がある。

出発信号機、場内信号機は複数ある場合があり、第一出発信号機、第二出発信号機、駅によっては第三出発、第四出発がある。これは場内信号機も同様だ。

この場合、「第○」を省略して信号喚呼をする例もある。西武がこの例に当てはまる。

なお、普通は標識と思っている徐行予告を知らせたりする表示板だが、これも正しくは「信号」になる。「徐行予告信号」などという。

線路わきに40とあれば、速度制限信号だ。

これが道路だと速度制限信号とは呼ばれない。あくまで標識にすぎないだろう。

そしてまた鉄道の世界には、独特の名称が多い。

「出発抑止」または「運転抑止」という言い方も一般乗客の耳にすんなりと理解できないだろう。これは運転を一時見合わせることを指すのである。

ところで鉄道では「青信号」とはいわない。あくまで緑信号である。G現示のGがグリーンをそのまま指すことでもよくわかる。大都市立地の線区では朝間ラッシュ時の輸送力確保のため閉塞区間を小刻みにすることで列車の増発をはかってきた。

線路容量が飽和状態で、このため信号現示がGY、Y、YY（それぞれ、減速、注意、警戒の意味）が多く、平均速度（正しくは表定速度）がデイタイムにくらべ大幅に低下する。

これを解消すべく、東武、西武や小田急では複々線化を実施した。

緩急分離運転で成果をあげている。

この方法は理想的だが巨額の資金を要する。おそらく他社が今後これを行えるかというとそうは思えない。

そこでCS-ATC化で運転時隔を詰めたり、工夫している。

いずれ、移動閉塞が実現するだろう。

時々刻々と変化する先行列車との距離をリアルタイムで処理し、ブレーキ性能に見合った間隔を適正に保つことで、増発とスピードアップが可能になる。

これを実現させるには車両のブレーキ性能を補償し、純電気ブレーキ化や回生電力吸収装置の導入を進めて、回生ブレーキ失効を根絶する必要がある。

すでに確立している技術だから問題はない。

TASC（駅定位置停止装置）の導入で列車のホーム進入速度を高めるなど、多くのバックアップが可能になっている。

現在、前方区間の在線状況に関係なく停止列車に対して出発信号機をR現示（赤信号）にしているところもあるが、これなども改善を要する。

また場内信号をY現示（黄信号）としているので、余計な減速で進入することになりムダが多い。これは小田急に見られる例である。

原則にこだわらない柔軟な信号の出し方を鉄道各社に望みたい。

スピードアップの鍵は信号システムにあると考えるからだ。不必要な減速運転を極力なくすべきだ。

第9章

車両の性能
——電車と速度の関係

電車に求められる速度

電車の最高速度のことを釣り合い速度または均衡速度という。鉄道に詳しい方でも耳慣れない用語と思うのではないか。

電車が走るには車輪とレールとの「摩擦」を利用しているが、これを「粘着」と呼ぶ。専門的に言うと、車輪とレールとの摩擦にはクリープ領域といって静摩擦がある。これを利用して電車は走行している。

いくら車輪を速く回転させても空転が生じると速度は上がらない。それ以上車輪を回転させても速度が出せない、つまり引張力と粘着力とが等しく釣り合った速度を一般に最高速度と呼んでいる。

その車両の粘着係数（摩擦係数）によって、これが決まることになる。そう考えるとわかりやすいはずだ。

それを求める式を次に記してみよう。

粘着係数＝電動車輪引張力の和÷電動車軸重の和×〇・一

電動車を重くすると粘着係数が上がるということがこれでもわかる。

かつて小田急では2400系においてユニークな発想を見せたものである。Tc M1 M2 Tc編成だが、Tcの長さを一六メートルに、Mを一九メートルとした上で、Tcの車輪径を七六二ミリに、Mを九一〇ミリにした。

電動車輪の直径を大きくすることで粘着係数を上げ、自重も重くしている。Tc車が二〇トン、M車平均が三四トンだ（M1車三五トン、M2車三三トン）。

こうした工夫で一八メートル車オールM四両編成の加速力に近づけている。

電車の最高速度は線路状態、架線などによっても変動するが、通勤車両で見るとおおむね時速一一〇キロ～一二〇キロの車両が多い。

これは最高速度より加速減速性能が重視されるためだ。加速度を求める式は次の通りである。

加速度＝質量×力（トルク）

トルクを大きくするには駆動装置の歯車比を大きくすればよい。逆にその分、最高速度が低くなる。

かつての国鉄、電車特急151系と通勤電車101系は同じ出力のモーター（一〇〇キロワット〔kW〕）を使用していたが、歯車比が151系の3・5に対して、101系は5・6と大きい。

151系の最高速度が時速一六〇キロ、101系が一〇〇キロである。

また111系と153系も同一のMT46モーターを用いていたが、歯車比が111系で4・82、153系が4・21であり、最高速度が111系で一一〇キロ、153系が一三〇キロである。

用途に応じて低中速度領域に重点を置くのか中高速度領域に置くのかで同じモーターを用いても性能を変化させていることがわかる。

小田急ロマンスカー歴代最速の3100形は一一〇キロワットモーターを歯車比3・95と小さくして最高速度一七〇キロを出せる性能を持っていたが、年々列車密度が増し、皮肉にも高速域特性を発揮できなかった。

一方の雄、東武はDRC1720形が七五キロワットモーター全M編成、歯車比3・75で最高速度一六五キロであった。

現在の代表列車100形スペーシアは私鉄界で最速を誇り、一五〇キロワットモーター全M編成のVVVF車。定格速度が九六・七キロと速いことから、最高速度は一七〇キロ前後の値になろう。

　ここで示した最高速度はむろん、営業最高速度ではない。営業最高速度は東武の例では一三〇キロである。

　一般的に見て、通勤車両は起動から六〇キロにいかに速く達するかが鍵になる。中速域性能が一番重要であるからだ。六〇〜八〇キロ領域で走行することがなによりも多い。急行専用と考えるなら八〇〜一〇〇キロに重点がある。

表定速度の不思議!?――各社のスピード

前節では車両性能上の速度についてふれたが、ここではダイヤ上のそれについて記してみたい。それには表定速度で見るのが一番わかりやすいだろう。

　表定速度というのは停車時間を含めて計算した速度のことである。実際上の運行速度ともいえるものだ。

　これを計算してみると、実は意外な発見がある。日頃、速く感じている列車が案外鈍足だったり、またその逆もあったりする。

それが「不思議」だという実感につながる。かならずしも体感する速度を反映しないのである。

またどの区間についてみるかで大きく違ってくる。

実際の例を示してみよう。

小田急の特急ロマンスカーのなかで最速の「スーパーはこね」で見ると、新宿〜小田原間における表定速度が七一・七キロ（km／h）。ところが終点の箱根湯本までだと前記表定速度が六二・五キロ（km／h）と大きくダウンする。

これは小田原〜箱根湯本間で大きく速度ダウンしていることを示している。箱根登山鉄道への乗り入れ区間六・一キロを一六分かけて徐行するからだ。この区間だけ見た表定速度は二二・八キロになっている。

東武特急スペーシア「けごん」で見ると、浅草〜東武日光間の表定速度が七三・二キロだが、北千住〜東武日光間に限ると七六・八キロと若干速くなる。これは浅草〜北千住間で高速走行できないためだ。

東武の特急はかつて浅草〜東武日光間をノンストップで走破したダイヤがあり、その表定速度は八〇・四キロに達し、関東私鉄で俊足を誇った。

私鉄特急で表定速度が八〇キロを超すのは、ほかに近鉄の名阪ノンストップ特急があった。

現在では近鉄名古屋〜大阪難波の表定速度が九一キロに達する特急がある。この数字はずば抜けて速い。これをさらに近鉄名古屋〜鶴橋間で見ると九四キロだ。通勤列車ではさすがに表定速度がここまで速いものはない。

小田急の快速急行（新宿〜藤沢）　表定速度六一・四キロ
京王の特急（新宿〜京王八王子）　表定速度五九・一キロ

などがあるが、表定速度は列車ごとにかなり相違する点を付記しておく。

ＪＲでは東海道本線の普通（東京〜大船）が六一・九キロだ。これは駅間距離が長いために出せる数字である。

通勤列車の中で高速を誇る京急の快特を品川〜京急久里浜で見ると、表定速度が七五・七キロになり、さすがに速い。東武特急スペーシアと互角とは驚かされる。

関東私鉄のなかで京急の快特と小田急の快急がとくに速い。

西武の急行（池袋〜所沢）も表定速度五九・五キロで、健闘しているだろう。

通勤列車で表定速度が五〇キロを超すと一般に速く感じるものだ。その点、京急の七五キロは格段に速いものだが、小田急の六一キロという数字もなかなかの俊足ぶりだ。ＪＲ東海道線と互角というのがすごい。

ＪＲ山手線を見ると、一周の表定速度が三二・八キロ。私鉄各社の各停もこの数字に近い。

東急田園都市線（渋谷〜中央林間）　表定速度三六・三キロ。
同　目黒線（目黒〜武蔵小杉）　表定速度三〇・三キロ
小田急線（新宿〜向ケ丘遊園）　表定速度二九・六キロ
京王線（新宿〔新線新宿〕〜京王八王子）　表定速度三六・六キロ

などなどがある。読者の実感とくらべてどうだろうか？　各停の鈍足ぶりはどこも同じだ。優等列車との格差がよくわかる。

鉄道の速度比較を行うには、この表定速度で見るのがコツである。一度、自分が利用している電車の表定速度を計算するとおもしろいのではないだろうか。

「抵抗」と速度の関係

列車の速度を左右する外的要因として各種の抵抗がある。代表的なものとして「走行抵抗」「勾配抵抗」「曲線抵抗」があり、これらを総称して「列車抵抗」という。

走行するには風圧（空気抵抗）がまず考えられる。しかしこれは、新幹線を除き在来線ではあまり考える必要はない。なぜならば一〇〇キロ程度の速度で、風圧がシビアに影響することがないからである。在来線車両の流線形デザインは空気抵抗を軽減する目的より、むしろデザイン的配慮である場合が多い。

もちろん走行中の「風切り音」などは、その前面形状によって変化するわけだが、これは環境上の問題であって、走行性能に関する事柄とは別である。「切妻《きりづま》」と称する前面がフラットな形状でも問題はない。見た目がスマートかそうでないか、そうした次元のことにすぎない。

機械的抵抗として考えられるものに車輪や駆動装置の歯車といった回転抵抗、これは摩擦に起因するものである。なお、車輪には鉄車輪、ゴムタイヤなどがあるが、この両者を比べると、鉄車輪のほうが走行抵抗が低く、一度加速すると長い距離を惰行できる。ゴムタイヤは摩擦係数が高いので勾配には強い。

これらは車両側の問題に属することであり、外的要因とは異なる。

列車抵抗として、まず思いつくのが勾配抵抗だ。上り勾配で速度が低下するのは陸上移動するすべての行為に共通する。

列車で考えてみよう。

線路勾配は千分率＝パーミル（‰）で表記するのが通常だが、一キロ先での高低差と思うとわかりやすいだろう。

図15の勾配は一〇〇〇分の三〇、つまり三〇パーミルである

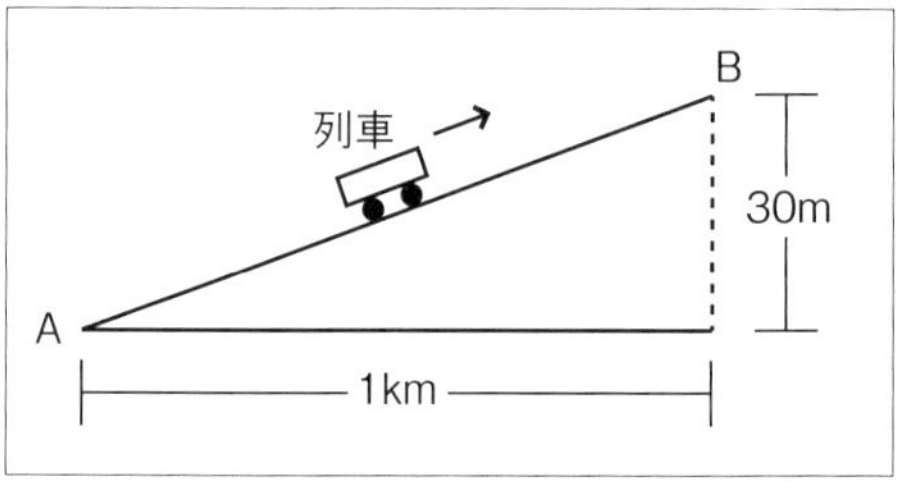

図15　30‰の例

（三パーセント〔％〕）。

ちなみに、これが道路勾配なら坂道ともいえない程度のものだ。道路ならば坂道などに三〇〇パーミル（三〇パーセント）あたりざらにあるが、これが鉄道となるとケーブルカー並みと考えるとわかりやすいだろう。

さて、ここを登る列車重量一トン（t）あたりに加わる勾配抵抗は次ページ上の式で求

められる。

つまり三〇パーミルの上り勾配では一トンあたり三〇kgfの勾配抵抗が発生することがわかる。

上りでは（＋）、下りでは（－）の値を示すものとなる（図16参照）。

平坦区間と同じ速度で走るためには、キログラムあたり三〇kgfの力を加えなくてはならない。

$$\gamma G = 1\mathrm{t} \times \tan\alpha$$
$$= 1000\mathrm{kg} \times \tan\alpha$$
$$\tan\alpha = \frac{G}{1000} = G‰$$
$$\therefore\ \gamma G = 1000 \times \frac{G}{1000} = G$$

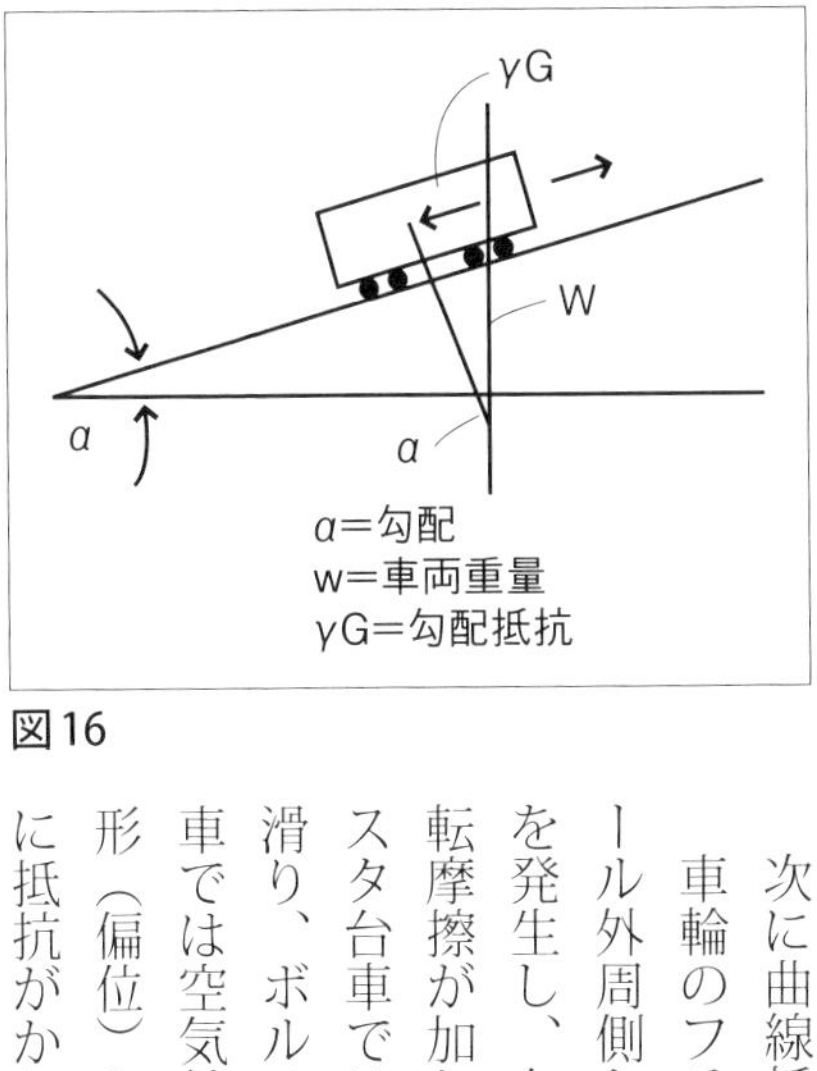

図16

次に曲線抵抗を示す。

車輪のフランジがレール外周側と接触摩擦を発生し、台車にも回転摩擦が加わる。ボルスタ台車では揺れ枕が滑り、ボルスタレス台車では空気枕バネの変形（偏位）と牽引装置に抵抗がかかる。

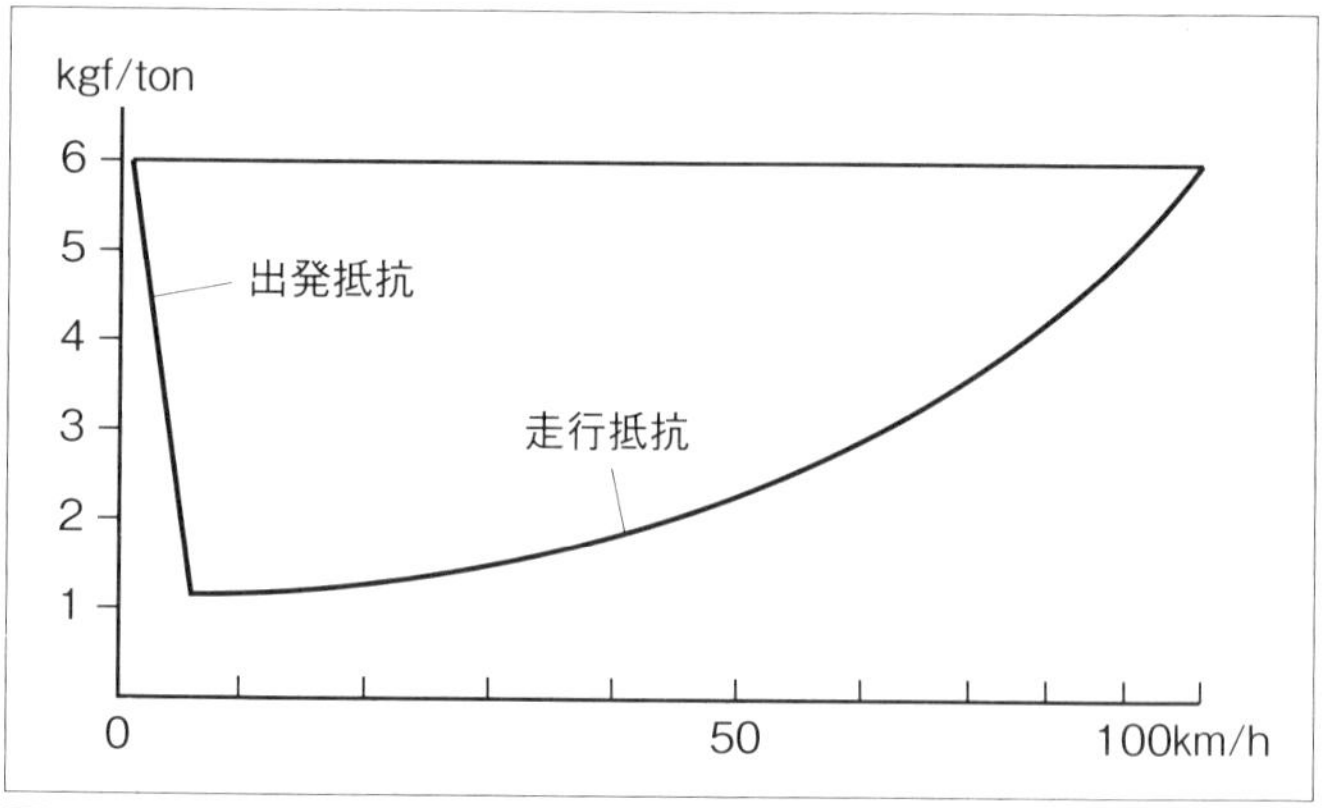

図17　出発抵抗と走行抵抗の関係図

曲線抵抗は曲線半径に反比例し、曲線半径が小さい（つまりカーブがきつい）ほど大きくなる。

曲線抵抗は当ページの式で求められる。

曲線抵抗 = γc

曲線半径 = Rm

1067mm 軌間では $\gamma C = \dfrac{600}{Rm}$ kgf/ton

1435mm 軌間では $\gamma C = \dfrac{800}{Rm}$ kgf/ton

つまり軌間が広いほど曲線抵抗は増加することになる。

平坦かつ直線走行では走行抵抗が加わるのみであるが、四〇キロ（km／h）付近までは一トンあたり二kgf、八〇キロで四kgf、一〇〇キロで六kgfというのが平均値と考えられている。出発抵抗は六kgf／t（トン）程度かかり、起動時に大きなパワーが必要となるのである。
最後に、出発抵抗と走行抵抗の関係も図示しておこう（図17参照）。

第10章

車両の哲学

——京急の日野原哲学と丸山イズム

Tc車皆無の〝先頭Mc主義〟の源

京急の車両哲学について考えてみることにする。

私鉄（民鉄）ファンにあって京急ファンは非常に根強い。その筆頭が元ＴＢＳアナウンサーの故吉村光夫氏だ。京急に関する著書も多く、「京急の生き字引」といっていいだろう。

京急の車両についてふれてみたい。京急を語ることで、他の私鉄同士の差異や特徴も微妙に現れてくる。

現状本位に語ると、京急の車両には他社と比較して際立った個性はあまり見当たらない。一八メートル級車両というのも京急の専売特許ではないし、運賃だけで乗車できるクロスシート車なら多少グレードの差があるとはいえ東武６０５０系、西武４０００系がある。

そうした車体系そのものではなく編成の作り方に京急の個性が出ている。

Tc皆無の〝先頭Mc主義（先頭電動車主義）〟がそれだ。

かつて２３０形が存籍した当時には、クハ２８０形の存在があったが、新４００形以降今日に至るまでTcがない。Ｔはトレーラー・カーで、付随車のこと。ｃはコントロール・

カーで制御車のこと。ちなみに以下も頻出するMは、モーター・カー、電動車のことである。

また800系までの各車はすべて片開きドア、ヘッドライト一灯である。空気バネ台車の本格採用も他社より遅いなど京急固有の車両設計が貫かれた。

この思想こそが有名な「日野原哲学」であり、「丸山イズム」である。

通勤車両に両開きドアが登場した最初が昭和二八年（一九五三）デビューの営団地下鉄300形（ただし、営業運行は翌年から）。

関東私鉄で両開きドアが登場するのは昭和三四年（一九五九）の小田急デハ2320形、西武クモハ451形。

これに東急6000系（昭和三五年）、相鉄6000系（昭和三六年）、東武2000系（昭和三六年）、京王3000系（昭和三七年――ただし両開き車は昭和三八年から）、京成3200形（昭和三九年）が続く。これでわかる通り、昭和三九年の時点で当時はまだ「中小私鉄」に分類されていた相鉄（現在は既述したように「大手一六社」に）を含めて各社が両開きドア車を保有していた。

ところが京急にそれがデビューしたのは昭和五七年の2000形からで、京成に遅れること実に一八年にもなる。これはもはや「遅れ」とは別の次元の話だ。

意図して両開きドアを採用しなかったのである。

これを「日野原哲学」と呼ぶ。

日野原保氏は京急副社長を最後に電鉄本体をリタイアされたが、私が知り合ったころは専務の職にあった。まさに京急の車両を京急ならしめた人物である。

京急の名車両と片開きドアの歴史

もっとも京急らしい車両として、初代1000形があるが、230形以来続く大きな窓は京急をシンボライズしている。1000形は昭和三三年（一九五八）に600形（当時の700形）二ドアセミクロス車を三ドアロングにした車両で、デビュー時は800形を名乗った。正式にはMcがデハ800形、M'cがデハ850形。二両一ユニット二編成が作られ、1000形試作車である。

のちに改番を受け、デハ800形がデハ1095、デハ1097に、デハ850形がデハ1096、デハ1098となり、晴れて1000形を名乗った。この改番は昭和四一年に実施されている。

1000形はデハ1048まで正面二枚窓でデビューしているが、地下鉄乗り入れ車に

郵 便 は が き

おそれいりますが50円切手をお貼りください。

102-0071

東京都千代田区富士見
一—二—十一
KAWADAフラッツ一階

さくら舎 行

住　所	〒　都道府県		
フリガナ		年齢	歳
氏　名			
		性別	男　女
TEL	(　　　)		
E-Mail			

さくら舎ウェブサイト　www.sakurasha.com

愛読者カード

ご購読ありがとうございました。今後の参考とさせていただきますので、ご協力をお願いいたします。また、新刊案内等をお送りさせていただくことがあります。

【1】本のタイトルをお書きください。

【2】この本を何でお知りになりましたか。

1.書店で実物を見て　2.新聞広告(　　　新聞)

3.書評で(　　　)　4.図書館・図書室で　5.人にすすめられて

6.インターネット　7.その他(　　　)

【3】お買い求めになった理由をお聞かせください。

1.タイトルにひかれて　2.テーマやジャンルに興味があるので

3.著者が好きだから　4.カバーデザインがよかったから

5.その他(　　　)

【4】お買い求めの店名を教えてください。

【5】本書についてのご意見、ご感想をお聞かせください。

●ご記入のご感想を、広告等、本のPRに使わせていただいてもよろしいですか。

□に✓をご記入ください。　□ 実名で可　□ 匿名で可　□ 不可

対して前面扉が義務づけされた関係から、デハ１０４９～前面三枚窓の貫通形となり、二枚窓車も更新工事を受けた。

初代１０００形の最終増備車は昭和五三年一〇月に東急車輛製造で落成した１２４３～１２５０形の八連車。二〇年間にわたって改良を加えながら増備され、なかでも昭和四六年七月にデビューの１２５１から大きく変化している。電装品の標準化が行われ、主制御器が三菱ＣＢ26Ｃ30Ｃに、主電動機が東洋ＴＤＫ８１５／１Ｂとなり、台車も空気バネ台車ＴＨ１０００に統一された。このグループから冷房車としてデビューしている。

京急では以前１０１７～１０２０の四両に空気バネ台車を装備し試作したが、その後はまったく普及せず、やっと登場のはこびとなった。昭和四六年まで本格採用していないのである。昭和三四年以来の空気バネであった。

空気バネ台車、両開きドア、前照灯二灯化について頑なに採用を拒み続けた唯一の大手私鉄である。

京急の常識は他社の非常識であり、他社の常識は京急の非常識、ともいえようか。あたかも天上天下唯我独尊といった心境が続いていたように思われる。

なかでも金属枕バネに固執した理由がわからない。当時、路盤が波打つ線路を金属バネ台車で猛進する、その乗り心地たるやすごいものがあった。立席客は吊り手二本を握りしめる人がいたほど、よく揺れた。

私の感想だが、とくにＴＳ台車の揺れを激しく感じたものだ。上下動が大きい。

たとえば、京成３２００形が京急を走った時に、車掌が、

「この車両は揺れるので気をつけてください」

と車内放送を流したことがあるが、空気バネ特有の揺れを気にしたようである。

東急東横線育ちの私は７０００系のパイオニア台車の洗礼を受けているので、空気バネの揺れが逆に心地よく感じる。

京成３２００形の揺れはまったく気にならないばかりか、京急１０００形のゴツゴツとした乗り心地よりは柔らかくて好きなのだが。

私は、台車は空気バネに限る、と思っている。

京成３２００形を運転した京急の乗務員に感想を聞くと、

「カーブ通過で体がフワッと外側へ持っていかれる感じがする」

そう言っていた。

慣れとは恐ろしいものである。

京成３２００形の汽車ＫＳ１２１Ａ台車の空気バネはとくに柔らかくて好きだ。住友ＦＳ３６１Ａ台車も使用しており、二社競作は京急と同じ。駆動装置も京急同様にＷＮ式と

ＴＤ式がある。

京急がなぜ空気バネ台車を嫌ったのか不明な点もあるが、ここにも日野原哲学があるのだろうか。

日野原氏は京急５１形で使用したブリル２７ＭＣＢ２形台車の乗り心地のよさにホレこまれていらしたから、金属バネでも空気バネ相当の成果が出せるとお考えだったのかもしれない。高価な空気バネ台車をあえて用いる必要はないと。

当時は今のように空気バネ台車と冷房車が当たり前という時代ではなかった。国鉄に目を転じるとＤＴ２１台車が全盛の頃である。

西の阪急もまた空気バネ化に積極的ではなかった。住友ＦＳ３４５が幅を利かせていた。

空気バネを嫌ったのが果たして日野原哲学であったか否かは断言できないが、京急の車両設計は日野原氏のお考えが反映されていたことに間違いはない。

その最たるものが片開きドアに表れている。

これこそがまさに日野原哲学だ。

他社がすべて両開きドアを採用するなかで、京急一社が片開きドアを貫いていた。

私はこの件について、実は彼にうかがったことがある。

その回答はおおむね次の通りである。

①片開きも両開きも乗り降り時分は同等。
②ドアエンジンが1台で済み、故障が少ない。
③引き残りをなくすことでドア開口面積を活用すればよい。
④側見付けがすっきりとできる。

私は日野原氏がとくに④の項目にこだわられた、と推測している。それは230形以来の伝統である大きな窓と明るい車内を確保するという信念だ。両開きにしても戸袋窓を設けなければ小窓はないが、それだと採光性が落ちてしまう。当時の通勤車両は昼間時、室内灯を消灯していた。戸袋窓を設けると小窓ができ、側見付けがすっきりしない。

そうしたエクステリア上の美観が気になっていたのではないだろうか。可能な限り側窓寸法をそろえたいとお考えだったように拝察する。

そこに、時代におもねらない「京急の美学」を守ろうとした崇高な哲学を垣間見る思いである。

確かに日野原氏のこうした考えはわからないでもない。両開きドアにすることによるメリットと京急車両の伝統を守ることを比較されての判断だと思う。

それはそれとして美学であることに違いはないのだが、実は整列乗車において中央から開扉するドアのほうが列を乱さない点に注意したい。

京急の片開きドアを誰かがギロチンドアと仇名《あだな》した通り、片開きドアと両開きドアの開閉時間を同一にした場合、その速度は倍と半分の関係になる。開閉速度は遅いほうが安全である。ただ両開きドアは戸袋が片開きの倍になるので、戸袋への指詰めの危険度も倍になる。

ここは安全性に対する意見が分かれるところだ。やはり片開きドアの欠点は整列乗車に不利な点にあるだろう。

実用性からいえば両開きドアが有利である。

京急のほか、京王電鉄（当時は京王帝都電鉄）京王線も両開きドアへの移行が遅れていた。６０００系からの採用となっている。

京急でも２０００形でついに両開きドアに移行し、片開きドアの伝統は８００形でピリオドが打たれた。

京急には連結妻面に後退角を設けたり、実用性よりもデザイン性を優先させるところがあったが、一部に急曲線通過のための配慮だとするまことしやかな話もあるが、これはあとづけした理屈である。

さすがに江ノ電ほどの急曲線はない。一〇〇R程度なら後退角は不要だ。京急の最急曲線は品川駅に横浜方面から向かい、JRをオーバークロスした直後にあるが、２１００形、２０００形が難なく通過している。後退角は付いていない。

日野原哲学が色濃く反映された車両が初代１０００形であり、その花道を飾ったものが８００形に思える。

京急の車両が有する強烈な個性は、そこに確固たる信念を持った技術者がいる結果であり、その反映にほかならない。

それが車体という目立つ部分にあるため多くのファンに注目される。

「丸山イズム」と先頭電動車主義

ただ、各私鉄においても「こだわり」がある。

たとえば、相鉄の直角カルダン、外付けディスクブレーキ。

小田急のアルストーム主義もそれだが、この二社に関しては規格化の嵐で伝統技術を刷新している。

逆に東急のオールステンレス主義は全国に普及し半ば標準化された。これは界磁チョッパ制御にも当てはまることだ。

そこに東急における先進技術を見抜く確かな技術陣がいることがわかる。

2000形以降の京急車に日野原哲学を見るのは難しいが、「丸山イズム」が健在であることはよくわかる。

「丸山イズム」とは京急顧問をされている丸山信昭氏の哲学を指す。

残念ながら私は丸山氏にお目にかかったことはないが、同氏が電気部通信保安課長を務めておられる頃からその名前は存じ上げていた。

先頭電動車主義を貫徹され、京急車に個性と信頼度を与えている。

同氏の発表された文献を拝読すると、目からウロコが落ちる。

最近の潮流として鉄道車両に経済性を求めるあまり、なかには首を傾げるものも散見されるわけだが、そうした現在にあって安全輸送を空念仏《からねんぶつ》でなく真剣に考えていることがわかり、京急に強い信頼感を覚えたものだ。

列車事故への取り組みが素晴らしい。「最悪」というものを考えて対策をされているのがわかる。

白状すると、私はそれまで〝先頭車Tc主義〟者であった。

その理由は、踏切支障事故が発生した場合、相手が乗用車ならともかく大型車であると、（先頭車に設置された）高価な電装品が犠牲になってしまうからだ。

ＶＶＶＦ制御装置を筆頭にＳＩＶ（静止形インバータ）などの重要機器を極力守りたい。

また人身飛び込み事故があると、身体の一部が先頭電動台車に装架してある駆動装置にからみつくこともあり、厄介だ。

これがTc、すなわちトレーラー台車だとそうした面倒なことにならないメリットがある。

また高圧回路が通らない完全なトレーラーなら電気火災も防止できる。

なるべく高価な装置は主電動機を含めて編成中央に集約したいと思う。

被害額を抑えたい、というのが本音だ。

おそらく、私鉄各社の車両設計者もまた私と近似した考えを持っているのではないだろうか？

先頭車をTcとする車両が多く見られるのもまた事実である。

たとえば、TcＭＭＴＴＭＭTcと組成しても、McＭＴＴＴＴＭMcとしても、製造コストは変わらない。どちらも同じ四Ｍ四Ｔである。

しかし圧倒的に前者の例が多い。

編成中における動力分散の配置の違いにすぎない。

各線ごとの編成中における混雑度とのからみもあり、混雑する位置にM車を配置して少しでも重量を稼ぎ、粘着係数を高めるなどそれぞれの事情もあるが、そうした問題はともかく先頭Tc車とする例が半ば標準になっている。

かつて下り方向からTcＭＭＭTcと組成して登場した小田急２６００系だがT車を一両組み入れて六連化するにあたり、その組み込み位置を下り方向Tcのあとにしている。TcＴＭＭＭTcとした。

これは混雑度が高い上り方向にM車を配置して軸重を重くするためにとられた措置だ。こうした各線における個別の事情もあるが、基本的にはＭＴ車の配列法でコスト面に差は生じない。

列車が踏切上で自動車と衝突した場合、重量が軽いTcでもバスやトラックよりはるかに重いので、それら障害物に負けることはない。問題は重量が重いM車に押されて向きを九〇度変えたり座屈する点にある。

先頭車がMcの場合、その危険が少ない。

もっとも危険なのが軌間一〇六七ミリで先頭Tcとした編成、もっとも安全なのが一四三五ミリ軌間で先頭がMcのケースだと、丸山氏は力説されている。

脱線に際しても、Mc車は、ほぼ向きを変えずに直進するという。

丸山氏は過去発生した脱線事故を調べ上げ、データとして裏づけされている。脱線事故の実例として平成九年（一九九七）四月七日に京急田浦と安針塚《あんじんづか》間で土砂に乗り上げた事故を示し、四両編成中三両が脱線したものの、車両の方向が大きくは変わらず停止したのは一四三五ミリ軌間で先頭車がMcであったからだと結論されている。

もしも先頭車がTcであれば脱線し、向きを変え、大事故になったと述べている。とくに、一〇六七ミリ軌間ではその可能性が大きいと。

軌間の違いが安全性を左右しないとする意見も耳にするが、物理的にその意見には無理がある。

標準軌が狭軌にくらべ、より安全であることに疑う余地はない。

京急の走りを安全にしている大前提として標準軌がある。その上に先頭Mc主義がそれを担保しているというわけだ。

確かに京急に乗っていて安定性が高いことを実感する。

こうした物理的な衝突脱線事故とは別に、実は軌道電流を確実に短絡できる点においても先頭Mc車編成は有利である。

これについても丸山氏がこう述べられている。

軌道残留電圧を確実に短絡し得ないと自動進路設定装置の誤作動や踏切保安装置誤作動の危険があり、これを防止するため先頭Tc車編成がある各社ではリレー装置に時素（タイムラグ）を入れて対応しており、タイムロスが生じている。

ATSに軌道回路電流を利用している例では、軌道短絡不良でATSが危険側に誤作動する場合がある。

とくに力行進入では先頭Mc車の場合、Tc車にくらべて差が出る。確実に軌道回路を短絡するので軌道残留電圧が消去される。

したがってすべての編成を先頭Mc車としている京急では、リレー装置に時素を設ける必要がなく、信号現示変化、踏切保安装置動作、自動進路設定などにタイムロスがない。

一秒でも早く後続列車に対してG現示が出せる工夫がされている。

先頭Tc車編成があると、これができない。

京急が安全に高速走行できるのも、こうした努力があるからだ。

鉄道ファンの関心はとかく車両に集中するものだが、保安システムについても各社ごとの工夫があって非常に興味深いジャンルである。

そのなかでも京急は特徴がある。

個性的な車両、それを具体的に示せばまずあがるのは大きな窓と長年にわたって受け継がれた片開きドアだ。

そこに日野原哲学が見られる。

この〝哲学〟の存在を知るファンは決して多くはない。しかし、それを知らずして京急を語ることはできないであろう。

受け継がれる哲学とイズム

京急は新技術にすぐに飛びつくところがない。非常に慎重である。しかし決して保守的ということではなく、その点で西武と異なる。

その一例として2100形で採用したシーメンス社のシーバス32トラクションシステムがある。このシステム最大の特徴として車輪の空転を抑え込んで、再粘着をはかる従来の考えから発想を転換し、多少の空転を許容しつつ再粘着させる点にある。

2100形などシーメンス車に乗ってみるとよくわかるのだが、雨天などで空転発生が生じても抑止せずに回り続けている。

空転をすぐに抑え込む小田急と正反対だ。

これは各社の運転曲線や思想の相違によるものなので、そこに特徴があっておもしろい。

直流電動機では一軸の空転が大空転に発展しやすく、さらにフラッシュオーバーの危険もあるが、交流電動機にはそうした危険がないために可能な制御システムである。

台車もボルスタ台車を用いており、最近の定番となったボルスタレス化をしていない点に京急の特徴がある。

２１００形、新１０００形、新６００形は非常に統一された外観を見せていて、京急の新しい顔となった。

そのデザインは柔らかなフォルムをして美しくまとめられている。

一時期７００系で窓が小さくなり、京急の伝統が薄れたものだが、一代限りで終わり、大きな窓が復活した。７００系は一八メートル四扉車で、多扉車の草分けでもあった。京急久びさのＭＴ編成であるが、実はこの車両の特徴に高速性能があったことはあまり語られていない。

ローカル仕業が多く特徴が生かせなかった。

McＴMc×二の六連を初代１０００形とくらべてみよう。まずは出力から。

１０００形は七五kW×八個×三ユニットで一八〇〇kW。

７００系は一五〇kW×四個×四両で二四〇〇kWになる。

起動直後はＴ車があるため出足は若干遅いが、中高速領域に達し時速六〇キロを超えるあたりからの加速は１０００形より伸びがいい。

むしろ優等列車向きの走行特性を持つ車両である。

車体構造と走行特性のミスマッチだ。

京急におけるローカル用車は８００形が最適である。ところが、これが逗子線系統の急行に多用されるといった逆転現象があった。

こうした事例は多々あり、小田急でも２６００系が急行として、５０００系が各停として走った例がある。

小田急２６００系にしろ京急８００形にしろ時速一〇〇キロでほぼ頭打ち。フルノッチの限界で走っていた。

京急８００形はＦＲチョッパ、１Ｃ１２Ｍ制御で、この技術は２０００形に継承されている。

京急がＶＶＶＦ車を導入したのが、１５００系１７０１からであり、平成二年（一九九〇）八月のことである。

ＶＶＶＦ装置は三菱ＭＡＰ１２８-１５Ｖ３１および東洋ＡＴＲ-Ｈ８１２０-ＲＧ６２７Ａを採用。

主電動機は三菱ＭＢ５０４３Ａおよび東洋ＴＤＫ６１６０Ａで、京急呼称ではＫＨＭ１

700となっている。一二〇kWである。

なお駆動装置はともにタワミ板継手でギア比が83：14（≒5・93）になっている。

各私鉄における車両増備を眺めると、その底流として何か一つポリシーを持つところと、その時どきで設計思想が変化するところがある。

それは形態的な思想と、技術的な思想とに大別される。

京急で見ると、形態的思想として日野原哲学があり、技術的思想として丸山イズムがある。

こうした例は、他社にはあまり見られない。

むろん、阪急など伝統を守る典型であるが、ある特定の技術者が固有名詞で語られるといったことはあまりない。

関東にあってもたとえば、私鉄界に長年にわたって君臨した女王・東武1720形DRCの設計者は誰なのか？　など、意外に個人の顔が見えない。

京急における日野原哲学のような例が珍しいのはそのためだ。

物事にはしかしすべて長短がある。京急における日野原哲学でそれを見てみよう。

片開きドアを堅持したことで、初代1000形に至るまで230形以来続く大きな側窓による明るく軽快な車内で京急らしさを伝承できた。

反面では、そのことに固執した結果、両開きドアの利便性が犠牲になったことも事実であり、それは2000形以降、両開きドアになったことでもわかるだろう。片開きドアの利点は側見付け上の美観のみならず装置がシンプルで保守が容易、装置数の削減によるコスト抑制がある。

京急の片開きドアは全開幅が一二〇〇ミリ。両開きドアの標準値になっている一三〇〇ミリとは一〇〇ミリの相違がある。京急では両開きとの比較のために実測をしたことがある。それによると降車人員は扉が全開するまでに両開きのほうが一人多いが、全開後は同等であった、という。

ここでは降車人員の数をもって判定しているが、整列乗車に対する影響が示されていない。ドア開閉速度についても言及されておらず、不十分であろう。このことは前にもふれた。

結論をいえば、2000形以降の車両が両開きドア化したことですべてがわかる。つまり、伝統美の継承に片開きドアは資するものの、ラッシュ対策上、やはり両開きドアの利点を認めたことになる。

これもまた車両を取り巻く社会情勢の変化と見るべき事柄の一つであり、日野原哲学が誤りだったわけでは決してない。

日野原氏が現役で車両にかかわられた当時には確かにそうした思考にも一理あった。なによりも京急らしさを貫こうとした美学は大切なことに思う。今の私鉄に稀薄になったことである。

ＪＲ東日本Ｅ２３１系へ右にならえの風潮もまた時代の要請ではあるのだが。鉄道車両もまた時代の一部である。初代１０００形はすでに引退した。

第11章

進化する車両

——最新鉄道車両事情

時代のなかに変化する車両設計思想

前章では各社の通勤車両の中から、京急を選び、とくに個性的な京急ではそれを支える人物の車両設計思想を詳しく記した。むろんのこと京急のみならず各社各様に独自の車両設計思想がある。

すべてを記すことは紙数もあり困難なので、代表として京急に焦点を当てた次第だ。

時代はＶＶＶＦインバータ制御を迎えて久しく、ＧＴＯサイリスタからＩＧＢＴトランジスタへ移行し、騒音も大幅に減少した。これは車両機器が電子化し、「機械の世界」から「電子の世界」へ変化した、ということである。

制御系や駆動系の目覚ましい進化とは裏腹に、乗客の居住空間を見ると、目立った変化がない。長方形の立方体に長いす（ロングシート）があるだけである。

近鉄で試みられるＬＣカー（ロングシート、クロスシート転換車）のような、ラッシュ時と閑散時で座席の配置を変える設備は普及していない。つまり車両の進化の大部分はコスト抑制が目的となっている。その典型がＪＲの２０９系やＥ２３１系である。

快適さのバランス

ローコスト車といわれるE231系の車内環境や乗り心地は意外によく、113系などとは比較にならない。日常の使い勝手は実によくできている。ただし乗車時間六〇分以上でのロングシートはきつい。結局のところ長中距離にロングシートは不向きということだ。これが二〇～三〇分の乗車なら快適になる。使用線区によって快適のバランスが異なるから、このように評価は厄介である。

路線バス並みのコンパクトなクロスシートをずらりと配置する手も考えられる。これに近いことを名鉄がやって不評だったが、名鉄はクロスシート車が多く、乗客がそれに慣れている。それで不評だったわけなのだが、関東圏なら案外好評かもしれない。

たとえば、長距離客が多い小田急などで試してみてはどうか。それによってロマンスカー利用者が減るとは思えない。

快速急行用に用いると有効に思う。新宿～小田原、藤沢間通し客がJRから移転するだろう。

とくにロマンスカー運転回数が少ない江ノ島線系統で有効だ。

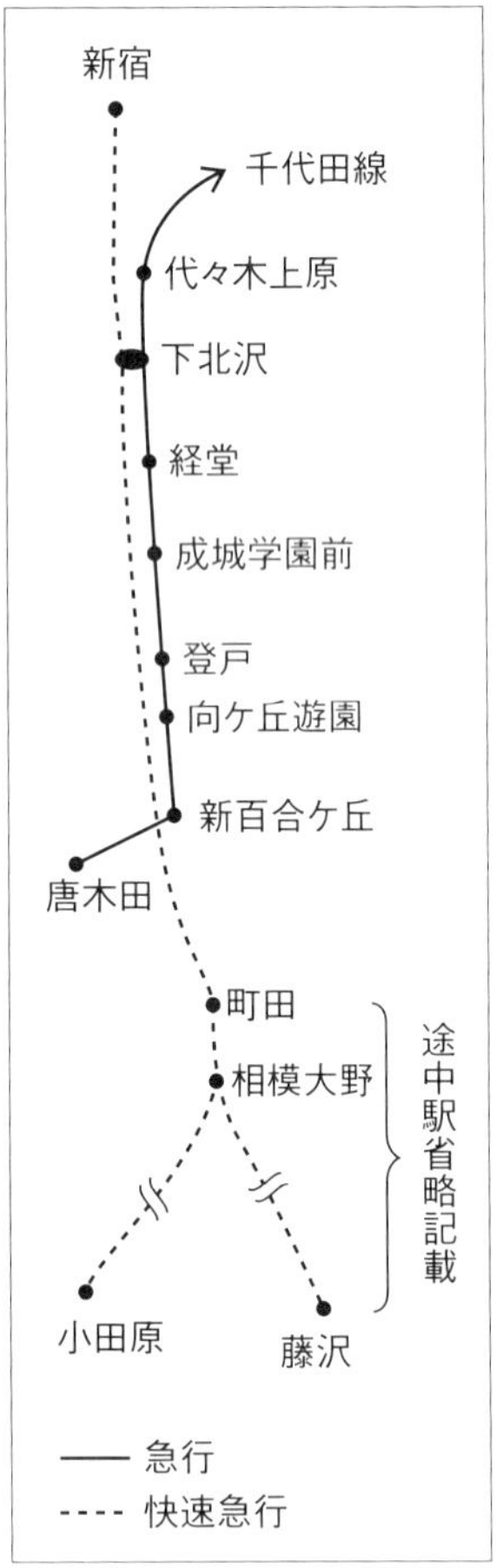

図18　小田急路線図

快急は代々木上原、新百合ケ丘を通過させ、町田以遠の長距離客に的を絞ってはどうだろうか。新百合ケ丘は急行に委ねてもよい距離である。多摩線系統の千代田線乗り入れ運用を増発し、新宿の混雑緩和を進め、都心方面別のルート分散を徹底するべきだ。複々線区間のさらなる活用につながる。

区間急行として小田原、藤沢～相模大野を増発させる。相模大野を境に遠近分離する考え方だ。

現状では新宿～相模大野において遠近客が同一列車に「混在」しているからである。

各停はすべて区間列車化して急行や快急の補完列車にするべきである。また区間準急と準急は廃止してよい。

東武の快速を考える

快速の区間快速化は疑問とされた。長距離輸送を特急にシフトさせてスペーシアの集客をはかろうとする営業政策は理解できなくもないのだが、ならば春日部以遠の特急料金の見直しをすべきだ。宇都宮線方面客へ対して栃木までの特急料金が高すぎる。対キロ制を徹底しないといけないところだ。このあたりは近鉄を参考にしてほしい。それによって特急利用が促進されるのではないか。

東武動物公園以北がすべて各停という区間快速は欠陥輸送であった。これについては平成二五年（二〇一三）三月のダイヤ改正で、区間快速の停車駅を見直し、浅草〜新栃木間を快速運行するようになり、大幅に改善されている。

また、遊んでいる300系、350系を都市間連絡特急に活用してほしいところだ。浅草〜東武宇都宮間に運用できないものか。東武宇都宮は市の中央部に位置しており、JR宇都宮と離れている。決して不利な立地ではない。アクセスの改善でもっと活用できるはずだ。現状のローカル線状態を放置する理由がわからない。東京と直結させてはどうかと思う。せっかくの「経営資源」が寝ているようなものではないか。

スペーシアは目的外使用で逆に魅力が減じてしまった。本来の設計目的である観光特急に専念させ、浅草～鬼怒川～会津田島の運用をすることが望ましい。

３００系グループを共通運用で主要駅停車の都市間連絡の有料特急に利用することも考えられてよい。

快特の京急蒲田停車に疑問

京急の看板列車である快特が京急蒲田に停車したことでイメージがおかしくなった。

空港アクセス上の理由からだが上り下りともに京急川崎で空港発着列車を分割併合するのだから、品川方面の快特は京急蒲田にあえて停める理由がないのである。ＪＲ東海道線と互角の勝負ができた快特の京急蒲田停車は快特の売りであった速達性を損ねてしまっている。

空港～新逗子（これも京急逗子に改めるべきではないか）系統のエアポート急行もあり、空港アクセスが便利になったので、見直しが必要に思う。

とにかく快特はスピードが命。停車駅を極力減らすことが望ましい。

私鉄、地下鉄のネットワーク

平成二五年（二〇一三）三月一六日は東京の地下鉄路線網がようやく完成した記念すべき日である。

路線としては地下鉄副都心線が渋谷へ達した平成二〇年（二〇〇八）六月一四日をもって東京における地下鉄路線網のすべてが開通したわけだが、相互直通運行をふくめた路線網の整備では、副都心線と東急東横線の相直（相互直通運転）開始をもってネットワークが完成したことになる。

副都心線は地下鉄13号線であり、東京メトロ、都営地下鉄を合わせて東京の地下鉄路線は13路線が計画されており、そのラストナンバーが副都心線である。

同線は小竹向原〜渋谷間、一一・九キロメートルの路線だが、小竹向原〜池袋間の三キロメートルが有楽町線と並行しており、途中駅も要町、千川で有楽町線と同じになっている。当初は有楽町新線という扱いをされていた小竹向原〜池袋間に途中駅をつくる予定ではなく、言わば同区間は有楽町線の急行線的な存在であったが、副都心線となり前記の途中駅が開業した。

この小竹向原〜池袋間が、有楽町新線として開業したのは平成六年（一九九四）一二月七日である。この有楽町新線を副都心線へ編入する形で小竹向原～渋谷間を副都心線とした。

副都心線と有楽町線は、その運行面でも複雑に絡み合い、副都心線↕有楽町線をスルー運行している。

東武東上線と副都心線は、有楽町線を介して相直しており、小竹向原～和光市間は有楽町線だからだ。

東武、西武ともに有楽町線、副都心線と相直しているが、これに東横線さらに横浜高速鉄道みなとみらい線が加わったことでネットワークが完成した。

五社（東急、横浜高速、東京メトロ、東武、西武）が互いに相直することになり、とくに東横線効果は大きく、副都心線の利用者が約八割増を示す。新宿三丁目の乗降人員がとくに増加した。

副都心線は、その名が示すように東京メトロ各線の中で唯一、都心中心部（千代田、中央、港の都心三区）を走らない。

こうした路線は地下鉄として初めてのケースになる。そのルートはＪＲ山手線とほぼ並行して渋谷～新宿（三丁目）～池袋を結んでおり、東横線との相直開始後、山手線からの旅客移転が顕著に見られる。

　このことは東横線との相直開始まで、ほとんど見られなかった変化だ。

　そうした中で、東横線から9000系が姿を消した。これも相直にともなう車両の世代交代であり、進化と呼べるだろう。

　東横線は、5050系にすっかり置き換えられた。あとは相直先の車両が姿を見せる。

　副都心線は当初の計画によると、東急東横線および東武東上線と相直することになっており、西武池袋線は有楽町線と相直することになっていた。

　それで練馬～小竹向原間に西武が建設した自社の路線を西武有楽町線と名付けた。

　この当初の計画どおりであれば、東急と西武が相直することもなく、東急の車両が西武池袋線を、西武の車両が東急東横線を走るという珍事？は起きなかったのである。

　以前の話だが、作家の大下英治氏が西武の車両に東急車輛の銘板を発見して、かつて西武の堤康次郎と東急の五島慶太の「箱根山戦争」があっただけに驚いたといい、世の中変わったと思ったといっていたが、副都心線を介しての東急と西武の相直は、ベルリンの壁の崩壊につぐ出来事と言ったらチョット大げさであろうか。

シームレス輸送

二一世紀の鉄道のあり方としてシームレス化が進む方向にある。

シームレスとは継ぎ目がないこと、つまり乗り換えを極力減らして複数の路線を一本につなぐことを意味する。相互乗り入れをさらに活発にすることである。

首都圏で最初の相互乗り入れが実施されたのは昭和三五年（一九六〇）の京成電鉄と東京都営地下鉄であるが、以来この方式が広がり現在ではすべての大手私鉄で実施されている。

ターミナルでの乗り換え混雑の緩和と、乗り換え時間のムダをなくしたことで乗客に歓迎されている運行形態だ。

その最新版として、東急東横線、東京メトロ副都心線、東武東上線、西武池袋線が一本になった。これによって横浜高速鉄道みなとみらい線とすでに相互乗り入れを実施している東急東横線を介して東京メトロ経由、西武池袋線、東武東上線が一つの路線になった。横浜元町中華街と小江戸川越、飯能が直結され、まさにシームレス輸送そのものである。

路線はそれぞれの会社に属するが、電車は直通するので乗客にとってメリットが大きい。

首都圏ではすでにシームレス化がされており、東武日光線南栗橋、同伊勢崎線久喜から東急田園都市線中央林間まで通し運転されている。

こうした路線は多くある。

ＪＲの湘南新宿ラインは相互乗り入れではないが、これも一つのシームレス輸送だ。単独路線として運行しているのは東急池上線、多摩川線、京王井の頭線、西武新宿線と地下鉄丸ノ内線、銀座線、都営地下鉄大江戸線、それと都内を走ってない相鉄ぐらいしかない。その他の単独運行路線はいわゆる「盲腸線」と呼ばれる小区間路線に限定されている（例として、東武亀戸線、京急大師線など）。

相互乗り入れの問題点は運賃が各社ごとで合算されることである。会社別に初乗り運賃が足し算されるので割高になる。これなどもなんらかの改善がなされてよい。硬直的な運賃制度を見直すべきだ。

そうした課題が残っている。ハードは完成したがソフトの遅れが目立つ。早急に解消させてシームレス輸送をより便利に使いやすくする工夫が待たれている。

パーク&レイルライド構想

これは文字通り「車と鉄道利用」つまり最寄り駅までマイカーで来て、駅近くの駐車場に車を置いて電車で目的地へ向かうことを推進させようとしたプロジェクトだが、あまり成功していないのが実情だ。

一つは駅直近に長時間低料金で駐車できる施設が少ない点もあるが、構想自体が日本の交通体系と整合しないこともある。むしろ自転車やミニバイク＋電車利用というスタイルが定着しているのが現状だ。このことは駅周辺における放置自転車問題を引き起こした。一つの解決策として路線バスやコミュニティーバスの充実化が求められており、これらと鉄道輸送を有機的に結ぶ必要がある。都心周辺部における駅周辺の区画整理事業とのからみもあり、難しい面もあるのだが、もっとも有効な方法だ。

駅周辺の道路事情でバスが入れない駅があるが、これは早急に改善されなくてはならない。小田急線と京王井の頭線が交差する下北沢駅はまさにこうした問題を長年かかえてきた。小田急線が地下化されたことで大きく話が前進した。駅を地下に移転させることで地域分断も同時に解消できる。

また東急の田園調布駅など、この問題における一つの成功例であろう。田園調布駅近くで育った私は、駅改良で地域が活性化された実感を得ている。この駅は西口と東口がほぼ完全に分断されていた。私が幼い頃は鉄道荷物の取り扱い所が駅に付帯していたり、旧態依然の感すらあった。

車両の進化

都営大江戸線がリニアモーターで開業し、注目されたが、この方式が今後広く採用されるとは思えない。というのは、東京における地下鉄建設計画が副都心線でいちおう完成を見たからだ。

さらに、リニアモーターはトンネル断面を小さくでき、急曲線や急勾配に有利な方法だが、電力効率がよくない。したがって特定の条件下でないと採用されない。今、期待されるもう一つの技術がＤＤＭ（Direct Drive Motor）方式である。

従来の駆動装置による走行ではなく、モーターの回転軸を車輪に〝直結〟することからダイレクトドライブと呼ばれる。

メリットは低騒音化とメンテナンスフリーにあるが、高トルク低速回転モーターが鍵に

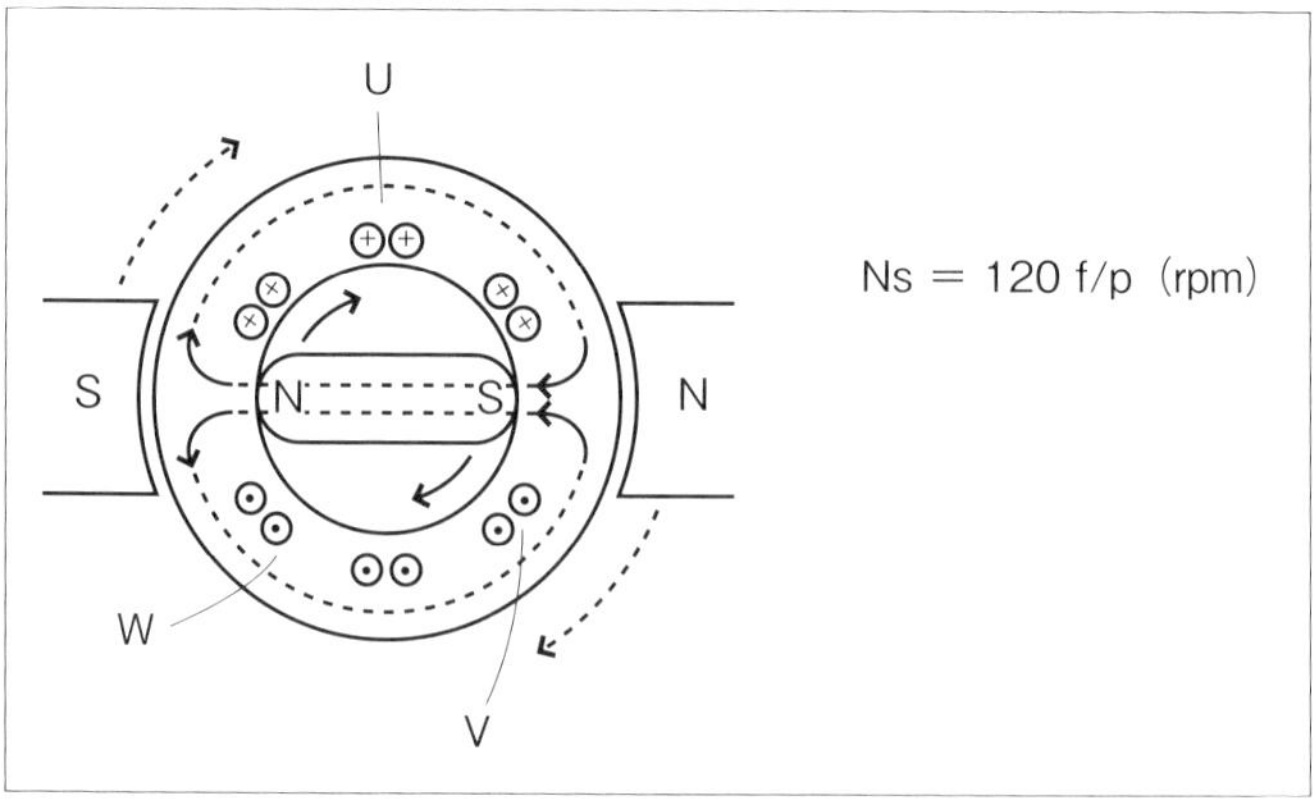

図19　三相交流同期モーターの略図（PMSMモーター）

なる。永久磁石を用いた交流同期モーターが使用される。

同期モーターとは、交流の回転磁界にモーターの回転子が同時に回転するものをいう。誘導モーターのスベリ制御とは違う。

ＤＤＭ方式の欠点としてバネ下重量の増加をどう改善できるかだ。なおこの方式は、ＪＲ東日本が使い始めた。

普及するか否かは未知数だが新技術として注目したい。東京メトロでも、ＤＤＭ方式ではないが、１６０００系、１０００系に永久磁石同期電動機を使用するなど、新しい動きが見られる。

本書でも書いてきたように、ＶＶＶＦ制御の進化は目覚ましい。ＧＴＯサイリスタ化で自ら消弧（オフ）できるようになり、転流回路が不要となった。さらにＩＧＢＴトランジスタの採用で、低インダク

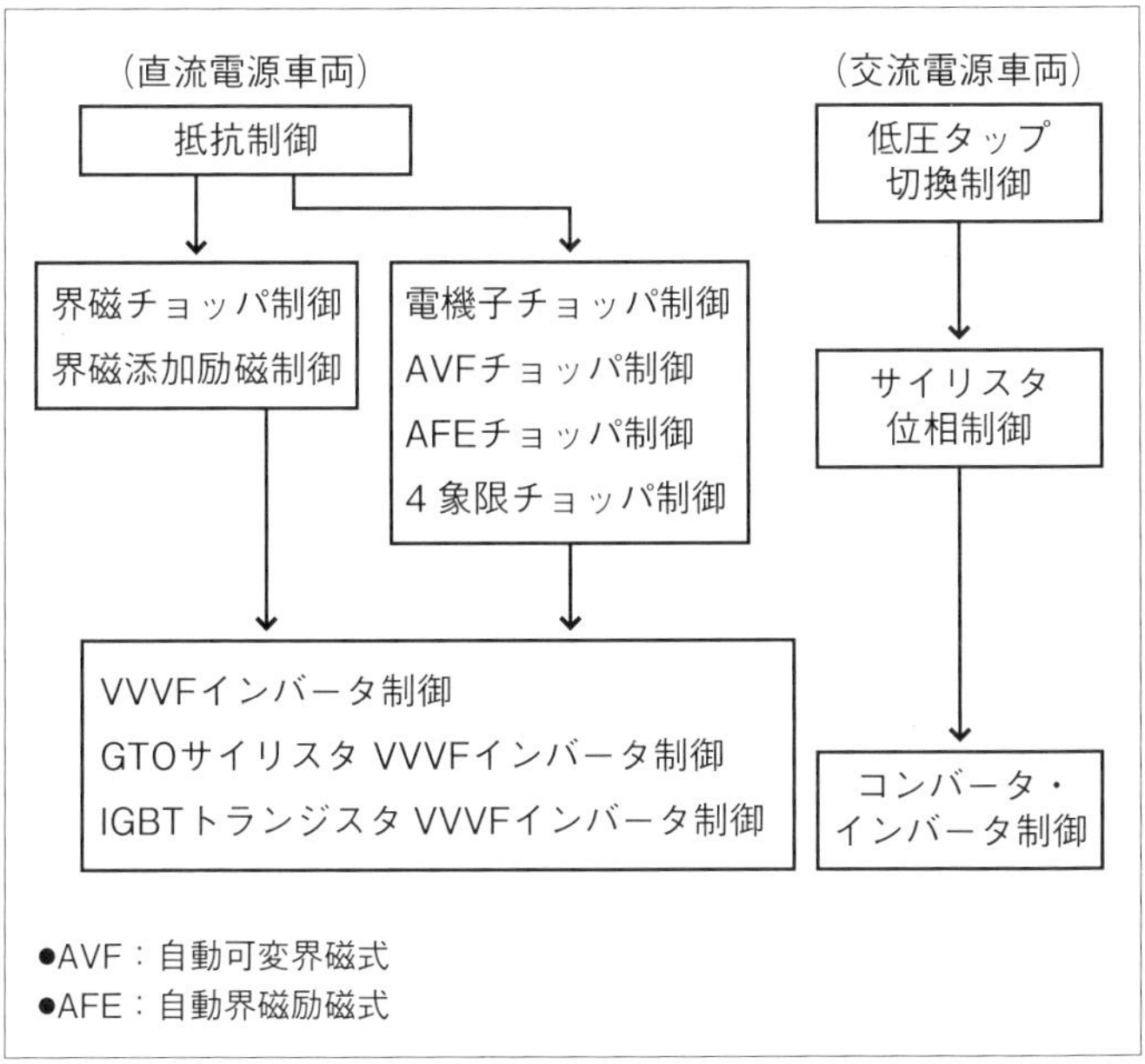

図20　電車制御の進化図

タンス化が可能となり（インダクタンスとは、遅れ電流のこと）、スナバ回路が不要になる（スナバ回路は、通常、インダクタンスを処理するものである）。

近い将来、電車制御にＳＩＴｈ（静電誘導サイリスタ）が登場するだろうと思われる。

このように、車両の進化はさらに加速していくことだろう。

（ＳＩＴｈは、電圧をゲートに加えてやるとドレーンとソース間での電位障壁が変化、電子注入発生で電流導通させる）

新技術導入と整合性――車両設計の問題

このテーマこそ鉄道車両にとって永遠のテーマである。この章を締めくくるにあたって
この重要問題にふれてみたい。

バス会社が新型車を導入するのと違って、鉄道車両のそれは多くの制約がある。
つまり、整合性の問題なのだが、電車は一形式だけに突出した性能を付与しても、それが単独運行する特急ロマンスカーを別にして、通勤通学用の汎用車であると、あまり意味がないからだ。

もちろん乗り心地改善の目的で空気バネ台車を用いるとか、冷房化するといった面では、一両でも多くの車両に実施するべきである。

こうした改善は単独で行えるし、他形式車との整合性を損ねない。

一方、走行性能に関係する加速度、最高速度の設定、ブレーキ性能といった面は他形式車と極端に相違する高性能化は難しい。

電車は一本の路線の上を集団で走行するので、形式が相違しても極力共通運用や混結運

用ができないとダイヤ作成が難しくなるからだ。こうした「前提」がまずある。

理想は全車同一性能、同一形態だが、逆にこの共通化を重視すると、いつまでも旧式車両から抜け出せないジレンマが出てくる。

大都市近郊の鉄道に求められるプライオリティーはなんといっても単位輸送力であり、かならずしも高速運転だけではない。

とくに通勤通学時間帯はそうである。

すると必然的に車両走行性能を合わせて、いつ、どこでも、どのようにでも電車を分割併合できる条件が求められる。輸送量がラッシュとデイタイムで大差が出る路線はとくにそうである。

かつて西武鉄道では新旧の別なく、他形式車を混結、これによって昭和三八年（一九六三年）に一〇両運行を私鉄（民鉄）として初めて実施した。大量の旅客輸送をしていたが、それに使用された車両は大型で収容力はあるものの、走行性能は戦前の国電並みであった。601系から801系までの車両はカルダン車とはいえ自動空気ブレーキ車であり、旧型車と混結できた。

このため、「質より量」の西武として、そのイメージが今も根強い。

実際には質においても今の西武に遜色はなく、むしろ乗り心地はよいが、どうしても以前の中古電車や再用品多用車両のイメージがあるのだろう。

これは当時の西武鉄道が極力、車両性能を統一させるために採った共通設計思想の副産物ともいえよう。

このように共通化を推し進めると、古きにそろえるマイナス面が生じてくる。その時どきの新技術を導入すれば、こうした点はなくなるが、今度は「技術の展覧会」になるもう一方のマイナスが生じてきてしまう。

そこに鉄道車両設計固有の難しさがある。

鉄道ファンの多くが、ヴァラエティーに富む車両群を求め、新旧さまざまな車両が走行する光景を望むものだが、このことと効率的で合理的な鉄道経営とは相反している。

高加減速性能車を理想のように唱える向きもいるわけだが、かならずしもそれで輸送力がつくとはいいきれない。一斉にすべての車両を入れ替えることが可能であるのならばともかく、現実的にそのような荒療治ができるはずもない。

そこはやはり現状中心と考え、車両設計を行うべきであろう。

新技術の採用は慎重を期す必要があり、それは既存の技術との整合をまずはかるべきである。

大都市における鉄道輸送は、まず単位輸送力が第一であり、それを実行できる車両群でなくてはならない。

高性能がかならずしも高信頼性ではない。

旧国鉄の103系のような車両は願い下げだが、ローコストと快適性を両立させ、合わせてランニングコストを抑えた東武8000系のような車両は、地味ではあるがその完成度は通勤通学用車両として高く評価されてよいだろう。

国鉄民営化で旧国鉄時代のような殺風景な通勤形車両が姿を消した。209系に始まる新しい車両設計思想がかならずしも全面肯定できぬ点を含みながらも快適性に限って見れば、一つの成功例といえなくもない。

奥歯にモノがはさまった言い方にこれは聞こえるかもしれない。それは快適性は十分に合格点なのだが、万一、脱線し、とくに列車衝突した場合、はたして大丈夫なのかという疑念が捨てきれないからである。

車体軽量化における負の面を再考する時期がきているかもしれないと、JR西日本福知山線脱線事故（平成一七年）、地下鉄日比谷線中目黒脱線衝突事故（平成一二年）を見て、思う。

猛烈な勢いでJRE231系の技術が私鉄にも導入され、車両設計の共通化によるコストダウンはよいことなのだが、これは車両増備における整合性とは異質の事柄に思えてならない。

一例を示すと、相模鉄道における10000系がそれだ。従来の相鉄車両とはなにもかも異質であり、技術の整合性はまったく存在しない。

このことが良くない、といっているわけではなく、こうした大胆な変化がはたして真の合理化に直結しうるのか否か、一つのケーススタディーとして注目されると思われる。

保有車両を「一団」として見た場合、部品をはじめとして互換性を持たせて、予備品の種類を圧縮することが望ましく思われるからだ。

相鉄は大手としては規模が小さい私鉄なので（路線規模）、大胆な変革を実行しやすいという面もある。

これが一〇〇〇両を超える規模になると、なかなか難しい。

今、鉄道界では、本書でも詳述しているように、VVVF制御の急速な普及に始まり、技術革新がかつてないほどに進んでいる。それは五〇年代半ばにカルダン車が登場した時を上回る大変革を意味している。前述したが、JR東日本におけるDDM（ダイレクトドライブモーター）など、今後広く普及していくかどうか、大変に興味深い点だ。

操舵制御台車や車体傾斜制御といった古くから試行する技術がはたして広く普及するのか、いまだ未知数である。

まずは実用性とコストパフォーマンスの問題であろう。どんなに優れた新技術であっても、実用化されずに終わった歴史が鉄道車両界には少なくない。

初期高性能車両で採用された全電動車編成、高張力鋼による構体設計、ボディーマウント車体やモノコック構造による軽量化など、一部では継続されてはいたが、大局的に語れば、かならずしも成功したとはいいがたい。

しかし、こうした試行を繰り返すことは決してムダではない。これは新時代を迎えることれからの鉄道界にとってもいえることである。

第12章

鉄道橋梁の構造

――「鉄橋」にまつわる誤解と真実

鉄道線路に付帯する構造物

鉄道線路に付帯する構造物は様々あり、駅舎、踏切、隧道（トンネル）などのなかで、とくに鉄橋（橋梁）はその形態が多様で特徴的である。かならずしも鉄製ではなくコンクリート製もあるので橋梁と称している。

隧道についても、その掘削工法はいろいろと存在するのだが、目に見える部分は少なく、全体構造を容易に判別しづらい。

山岳隧道では複線形か単線形かといった違い程度しか視認できず、都市内地下隧道ではその断面形状がアーチ形かボックス形かの違いがわかる程度だ。

これにくらべて橋梁の世界は、橋脚のケーソン（基礎）部分を除き、その全容を容易に見ることが可能である。そのために鉄道・土木好きの人びとの興味の対象になりやすい。

本書は土木建築が主要テーマではないので、詳細はもちろん省くが、橋梁について概観してみよう。

その分類法であるが、まずは有道床橋と無道床橋の二つに分かれる。

有道床橋と無道床橋

［有道床橋］

これは線路の路盤としてバラスト（砂利など）が敷いてあるか、もしくはコンクリート直結軌道などで地上を走っていると同様の路盤を有する橋梁であり、走行音が比較的静かであるため、最近とくに増加しつつある構造である。周辺環境を良好に保つうえからも好ましいものである。

また万一の場合、車外へ脱出することを考えると、安全性を確保しやすい特徴がある。線路上に隙間がないので、橋梁下への転落防止から見ても有利な構造だ。

反面、建設費が高くなるといった経済上の不利は否めない。

その理由であるが、バラストなどを有するために橋ゲタの重量が重くなり、ケタや橋梁をその分、丈夫に造る必要が出てくる。

ＰＣ（プレストレストコンクリート）橋では、この有道床式を用いるが、鋼橋ではあまり多く見られない。

鋼橋では鋼板で床板を造り、その上にコンクリートを打ち、バラストを敷き詰めるなど

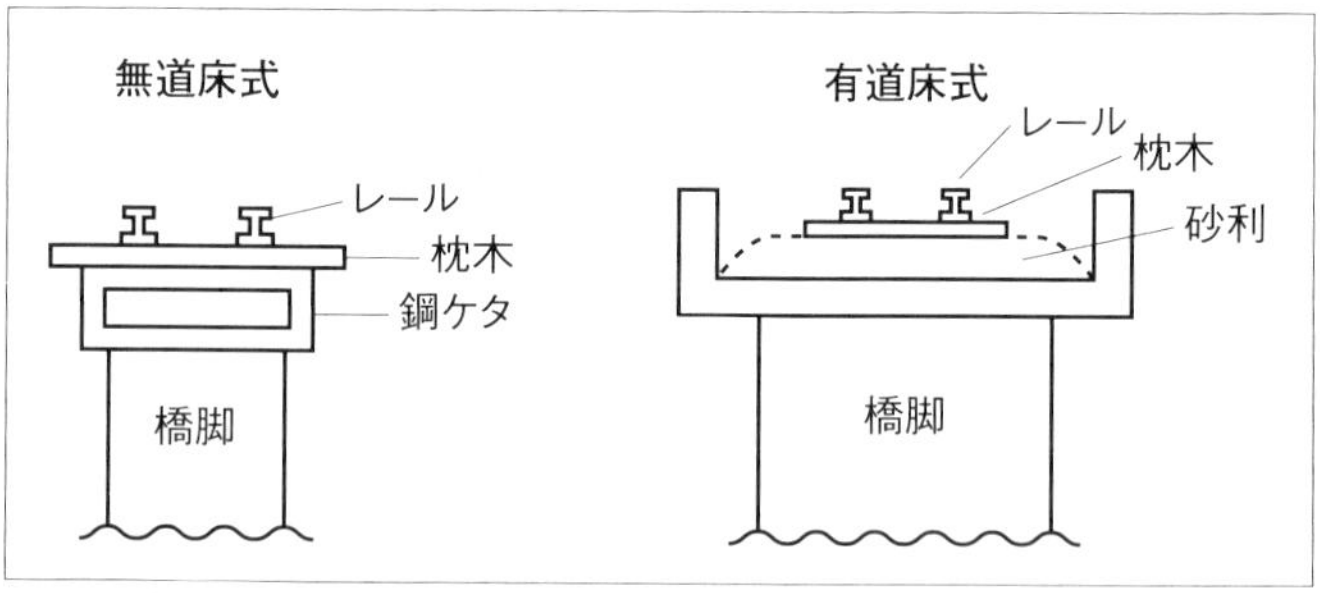

図21　橋梁の二つの方式

の方法で、有道床橋としている。

有道床橋は走行音の低減、橋梁上歩行の安全確保、保線管理業務のしやすさなど、メリットが大きいので、近年の鉄道橋梁にこの方式が目立つようになってきた。

以前は、長大橋梁に、この有道床橋梁を採用することは稀であり、無道床タイプが主流を占めていた。

［**無道床橋**］
こちらは鉄道橋梁の大半を占めているもので、いわゆる鉄橋らしい形態を示している。鋼ケタの上に直接枕木を並べているタイプである。
建設コストが有道床式にくらべて抑えられるメリットがある反面、走行音が大きくなる。
これは鋼材が列車走行音を共振増幅してしまうからである。音を吸収できない。また、乗客を橋梁上に脱出させることを考慮した場合、大変な危険を伴う。

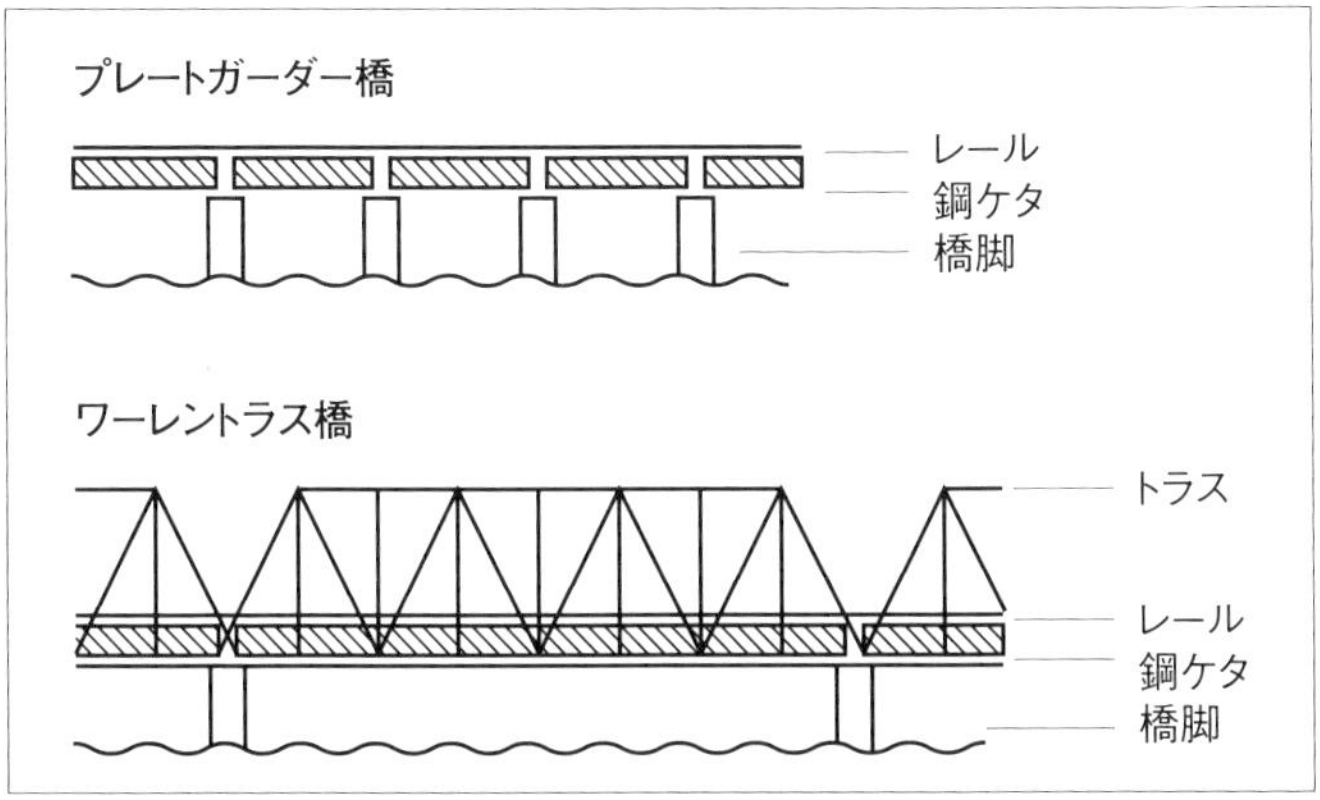

図22　橋梁の二つのパターン

側扉からの車外脱出など不可能に近く、それをやるとすれば車両前面にある扉からであるが、前面に扉を持たない車両では脱出が極めて困難となる。

こうした種々の問題から、有道床橋梁が増えつつあるのが現状だ。

橋梁、橋構造のいろいろ――プレートガーダー橋、トラス橋

［プレートガーダー橋］

プレートガーダー橋とは、もっともシンプルな橋梁であり、鋼ケタと橋脚で構成されている。

この方式はケタ上構造が簡潔ではあるが橋脚数が多くなる欠点があり、このため全長が短い橋梁であるとか橋脚を建設しやすい場所に多く採用されている。

橋脚のケーソンを造りやすい地盤や、水深が浅い河川部分では有利である。

橋ケタのみで荷重を受ける橋梁なので、橋脚の間隔をあまり長くできない。

［トラス橋］

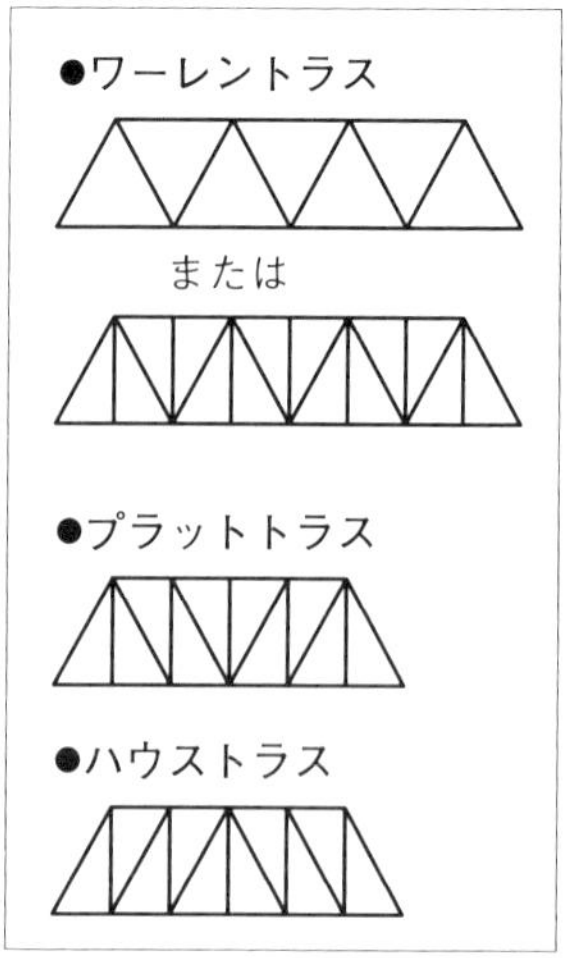

図23　トラスの組み方

ケタにかかる荷重をトラス構造部で支え、橋脚でこの荷重を受ける構造の総称であり、そのトラスの形状や鋼材の組み方でさまざまな名称が存在する。

代表的なものとして、ワーレントラス橋、プラットトラス橋があるほか、シュエドラートラス橋、ハウストラス橋、ポニートラス橋なども存在している。

これらの名称は開発者の名前に由来するものが多い。

トラス橋における荷重分担はトラス鋼材にかかる圧縮力と引張力で支え、それを橋脚で最終的に受ける点に各トラス橋における共通点がある。

トラスの規模により橋脚の間隔を長くすることが可能であり、大河川をまたぐような橋梁では水中ケーソン工事を減らす、すなわち水中橋脚を減じることができるため、広く用いられている。
国内にある鉄道橋梁で最大支間を誇るものは、近畿日本鉄道京都線にある澱川橋梁で、その支間は約一六五メートルに達し、この長さは八両編成長がおさまる長さである。橋ファンのあいだでは特筆される名所だ。
この橋梁は中間に橋脚がないワンスパン構造で造られている。形状は下路式曲弦分格プラットトラス橋である。

[下路橋]
ケタ上にトラスを組み上げた橋梁であり、もっとも一般的な形態の橋梁である。別名をスルートラス橋ともいう。
支間を長くすることに比例して、トラスのケタ高も高くなる傾向が見られる。なお、前出の近鉄京都線澱川橋梁のケタ高は、およそビルの六階に相当するケタ高である。

[上路橋]
ケタ下にトラスを組んだ橋梁であり、こちらの別名はデッキトラス橋である。

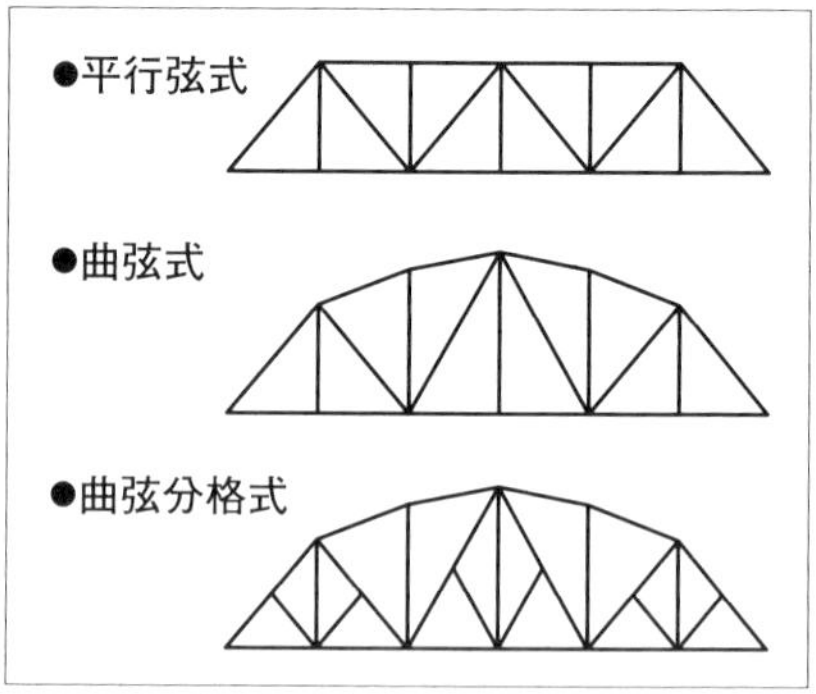

図24　平行弦（直弦）式と曲弦式

この上路橋は橋脚自体の建設高を低くできるメリットがあり、またトラス部分が線路の下にあるため車窓をさえぎることがない。

地表高が高い橋梁に用いられることが多い。主に山間部などの谷を越える橋梁に多用されている。

［中路橋］

この方式は非常に珍しいもので、トラス部分の中ほどに線路が取り付けられている。

東武鉄道伊勢崎線隅田川橋梁に見られる程度であり、特異な形態のトラス橋である。

これは車窓の視界確保と、ケタ下高の確保とを両立させるために採用されたものだ。複雑な構造となるので、ほとんど採用されていない。

橋梁上を走行中に脱線した場合、転覆すれば車両が落下する危険が大きい。このことは容易に想像がつくところだろう。

しかしトラス部分は結果的にガードレール的な作用をするが、その目的は落下防止柵なのではなく、橋梁を支える構造部材である。

下路橋では前記事柄があてはまるが、上路橋では、その限りではない。橋梁上においては線路に護輪軌条を設けて脱線防止をはかっている。

なお、長野県の長野電鉄千曲川橋梁（村山橋）は全長八三八メートルの下路式直弦ワーレントトラス橋だが、これは平成二一年（二〇〇九）に架け替えられたものである。私鉄第五位の長さを誇っている。この橋は道路との併用橋ながら、かつての名鉄犬山橋や東急の二子橋などと異なり、橋脚とトラスを道路と共有するが、軌道は専用軌道である。こうした構造にしたのは建設資金上からのことであろう。最新橋梁の一例として挙げておく。

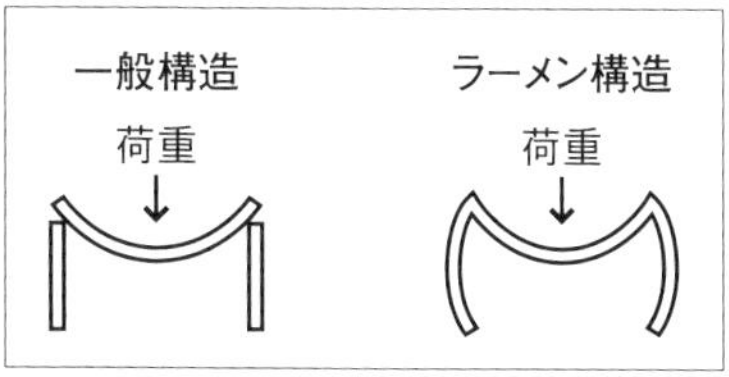

図25　ラーメン構造のポイント

鉄道橋梁においては、一般的にプレートガーダー橋を除くとワーレントラス橋、プラットトラス橋が多く、ハウストラス橋はまず見当たらないのであるが、これは主に木橋に用いられることが多い。

なお、図24下に示した分格式は強度向上が目的。「格」とはトラス鋼材の接合部のこと。分格式はこの接合部を分散（つまり接合部が多い）しているので「分格」といわれるのである。

最後にラーメン構造の原理を簡単に図示（前ページ図25）しておく。鉄橋や鉄骨建造物に用いられる構造として、このラーメン構造がある。このことを特筆しておきたい。

ラーメン構造の特徴として鋼材全体が柔軟に荷重を吸収し、接合部分に力が一点集中されず荷重が分散されることで強度を向上させている。

第13章

鉄道工学用語の基礎知識

〝鉄知〟の基本——まずは制御・制動（ブレーキ）系から

この章では、これまで本文に出てきた用語をまとめて記してある。すべて基礎となる用語なので、おぼえておいて損はない。わかりやすくするため、概略を記した。

［抵抗制御］

主電動機に印加する電圧を、主回路に抵抗器を設け、熱エネルギーに変換して電圧を調整することで、主電動機の回転数を制御するもっとも古典的な電車制御方式である。

［直並列制御］

前記の抵抗制御と組み合わせて用いられる制御方式で、主電動機を直列または並列接続させることで、電気の抵抗損失を抑制するもの。1C8M方式では、八個直列および四個直列を一群として、これを並列接続する。1C4M方式では、四個直列および二個直列を一群として、これを並列接続する。

このため、架線電圧が直流一五〇〇ボルト（V）の場合、主電動機端子電圧は1C8M

で三七五ボルト、1C4Mで七五〇ボルトとなるが、一部の1C8M車では端子電圧三四〇ボルトとして過電圧使用する例もある。

また並列制御をしない永久直列という方式もあり、起動回数が少ない車両に向く。主制御器構造を簡略にできるメリットがある。

［**弱界磁制御**］

主回路抵抗が全短絡され、架線電圧が主電動機に印加された全界磁状態において界磁電流に抵抗を入れて弱めると、電機子回転数が上がる。逆起電力が減じるからだ。これを弱界磁制御という。

界磁抵抗器を用いるやり方と、AVFチョッパなどではサイリスタを用いるやり方がある。

［**バーニヤ制御**］

超多段式制御のことで、磁気増幅器などを用いて、バーニヤノッチと呼ばれる計算尺の副尺のような中間ノッチを備えた抵抗制御の一種。

起動電力の抑制、クリープ領域の拡大などで滑らかな加速ができる（クリープとは、静摩擦のこと)。

反面、メンテナンスとイニシャルコスト面の不利がある。ただしクリープ領域が有効活用できることでM車比減が可能となり、採用の可否に関しては判断が分かれるところ。

力行制御段数は通常二〇~三〇段であるが、バーニャ制御では五〇~八〇段程度となる。

[界磁チョッパ制御]

直流複巻電動機の他励界磁制御をサイリスタチョッパで行う抵抗制御方式の一種。

主回路電流は通常の抵抗制御である。

全抵抗短絡後はノッチをオフしてもLB(ラインブレーカー)を開放しないで、界磁電流を強めれば回生制動、弱めれば「力行」(速度を上げること)、電機子と等電圧すなわちゼロアンペアとすれば「惰行」(加速もせず、制動で減速もしない状態)となる。電機子チョッパと混同してはいけない。

界磁チョッパ制御は力行↕惰行↕回生の切り換えが素早くできるので、駅間距離が短い線区や曲線通過制限速度が多い線区で威力を発揮する。

したがって私鉄で普及したわけだが、JRでは採用されなかった。

［界磁添加励磁制御］

こちらはＪＲのお家芸である。直流直巻電動機で電力回生制動を用いるもので、補助電源装置から抽出した電力で、界磁制御を行う。

私鉄での採用例は名鉄や京阪など一部のみであり、発電制動を回生制動へ変更する時に用いられることが多い。

［電機子チョッパ制御］

従来の抵抗制御の欠点であった電気エネルギーを熱エネルギーとして捨てることによって電圧制御をするのではなく、サイリスタによるオン／オフ制御で通流率を変化させることで主電動機回転数を変化させる。初期のものは弱界磁制御に界磁抵抗器を使用して制御していた。また高速域からの電力回生が困難であったが、ＡＶＦ（自動可変界磁制御）チョッパ方式が登場して改善された。

さらにＡＦＥ（自動界磁励磁制御）チョッパでは複巻電動機が用いられる。

また、回路を切り換えずに力行、回生、前進、後進ができる四象限チョッパがある。これは分巻電動機を用いている。

［ＶＶＶＦ制御］

三相交流電動機を制御する可変電圧可変周波数制御で、誘導電動機を用いる例が多いが、同期電動機でも可能。誘導電動機の場合は三相のＵ相Ｖ相Ｗ相の回転磁界にやや遅れて、電動機の回転子が回転するスベリ制御である。力行時は回転磁界を回転子より速く、回生時は回転子より遅くすることで回転子を制御する。このため回生制動が簡単に利用できる。

主電動機接続は永久並列である。

初期の回路はサイリスタ電流消弧（オフ）にともなうスナバ回路が不可欠であったが、ＧＴＯサイリスタの登場で大容量制御が可能になるとともに回路を簡略化している。

さらにＩＧＢＴトランジスタを用いた高速スイッチング化で性能が向上。ＧＴＯ素子の大容量制御とＩＧＢＴ素子の高速スイッチング性能を両立させたＩＥＧＴが現れた。

ＩＥＧＴとは電子注入促進型両極導電トランジスタのことで、トレンチゲートをくさび形にし、ＩＧＢＴベース層特有のカソード側キャリア蓄積不足を解消でき、導通時のオン抵抗を大きく低下できる。

ひと口にＶＶＶＦ制御というが、その進化は早い。いずれＳＩＴｈで走る電車が出現するかもしれない（ＳＩＴｈとは静電誘導サイリスタのこと）。

［PWM制御］

ＶＶＶＦ制御の中で現れる用語だが、これはＶＶＶＦ制御の仕組みをまず知る必要がある。起動から可変電圧、可変周波数すなわちＶＶＶＦ制御を行い、主電動機の回転数を次第に上げていくが、一定の速度に達してからはＣＶＶＦ制御を行う。定電圧、可変周波数制御へ移行する。これを定電圧制御という。さらに主電動機特性領域へ進み加速していく。

ＰＷＭというのはパルス幅制御を意味する。パルスの変化は、起動してからパルス数を九↓七↓五↓三↓一という具合に小さくしていく。

パルスが少ないと滑らかな起動加速ができないが、一定以上の速度に達してからはパルス数を減じることで電力損失も減じるのである。

［ベクトル制御］

Ｖ／ｆ一定すべり制御とくらべて、ベクトル制御では瞬時に最適な引張力が得られる。空転を改善するには有利なのだが、回生絞り込み制御や空転制御のソフトウェアの性能に左右されるので、ベクトル化しただけで、これらがただちに改善されるわけではない。

［二レベル変調・三レベル変調］

変調周波数制御のやり方で、三レベル方式では主回路に一二個のスイッチング素子とクランプダイオードを設け、主素子を2個直列接続する。二レベル方式にくらべ四倍の変調効果が得られ、高次高周波含有率が低減するので静音化が向上する。

しかし回路が複雑となり、素子数も倍化するので六個のスイッチング素子で行える二レベル方式にくらべてコスト高になる。

そこで最近では二レベル方式のゼロベクトル制御で三レベル方式同等の静音化をはかることが主流になっている。

［ゼロベクトル］

前項に出てきた言葉だが、ＵＶＷ各相線間に電源電圧をかけないこと。つまりＵＶＷ各相素子のオンとオフが上（ＵＶＷ）また下（ＸＹＺ）とそろう状態。

基本波成分の変化がなく、時間経過による電流周波数成分の変化で特定騒音周波数分散現象により、低騒音化が可能となる。

［ＨＳＣ空制］

電磁直通空気ブレーキの電磁弁操作を空気圧指令で制御する直通空制のこと。発電ブレーキと連動したものをＨＳＣ－Ｄ、回生ブレーキと連動したものをＨＳＣ－Ｒで表す。

なお、ＨＳＣとは、ハイスピードコントロールの略であり、従来のＡＭ系自動空気ブレーキと比較して、応答性が早いためこう呼ばれる。

ブレーキ弁にはセルフラップ帯を設けてあり、ブレーキハンドルの角度で所定のブレーキ力が得られる。

［ＨＲＤ空制］

前項のＨＳＣが空気圧指令で電磁弁を操作したのに対して、電気信号でこれを操作する方式。三本の電気指令線のオン／オフを組み合わせてデジタル指令する。ＨＲＤとはハイレスポンスデジタルの略である。なお三菱電機製のものはＭＢＳと称している。

［ＨＲＡ空制］

こちらはデジタルによる段制御ではなく、電圧または電流により電空変換装置を制御するアナログ方式のことである。

［ＨＲＤＡ空制］

指令はデジタル信号で行い、ブレーキ制御はアナログ変換した信号で制御するというデジアナ併用方式。これが現在の主流である。

なおこれらの四つは指令方式こそ違うが、すべて電磁直通空気ブレーキである。発電ブレーキはＤで表現するが、これはダイナミック（Dynamic）ブレーキの意味であり、回生ブレーキのＲはリジェネレイティヴ（Regenerative＝再発生の意味）ブレーキとなる。

［クラスプブレーキ］

両抱式ブレーキのこと。車輪を二個のブレーキシューで押さえる。

［シングルブレーキ］

片押式ブレーキのこと。車輪を一個のブレーキシューで押さえる。

［台車ブレーキ］

ブレーキシリンダが台車にあるもので、現在は大半がこの方式である。以前は車体に取り付けられていた。これを車体ブレーキという。
旧型ツリカケ車に多く見られた。

［純電気ブレーキ］
VVVF制御のブレーキ力を停車まで、つまり○《ゼロ》km／hまで主電動機が負担する。空制は停車後の転動防止に用いる。
停車するまで電空切り換えがなくジャーク（加加速度〔加速度の変化〕）の発生がないため、スムーズである。三相交流誘導電動機のUVW各相の回転磁界を電動機回転子の回転速度より遅らせることで回生ブレーキが作用するが、このままでは速度ゼロにはできない。それで通常五km／h前後で空制に切り換わるのだが、純電気ブレーキでは、停車直前で逆相ブレーキを用いている。U↓V↓WであればU↓W↓Vとしてやればいい。
停車位置精度が向上し、ATO運転やTASC（駅定位置停車装置）に対応しやすくなる。

［発電ブレーキ］
惰行中の主電動機は当然ながら界磁電流はゼロである。ただし電機子には残留磁気があ

るので界磁側に抵抗を加えると誘起電力が発生し、電機子の回転を停めようと働く。これが発電ブレーキの原理。回転エネルギーを電気エネルギーとして、それを抵抗器でジュール熱とし、大気に放出することで制動力となる。

［回生ブレーキ］

前記、発電ブレーキが電気エネルギーをジュール熱として大気中に捨てることで制動力を作用させるのに対して、回生ブレーキは電気エネルギーを「他者」が消費してくれることで制動力を得る。つまり発生電力を架線に「返す」が、この時、発生電圧を架線電圧より高くしなくてはならない。この昇圧制御が難しく、直流電動機車では22km／hあたりで回生できなくなる。また他者が電力を消費してくれないと制動力が得られない。まさに他力本願ともいえる。

列車運行密度が高い線区ではよいのだが、閑散線区では回生失効となりやすい。これを防ぐためには変電所側に回生電力吸収装置を設けることが望ましい。

台車系・駆動・バネなど

［ダイレクトマウント台車］

古典的な台車構造は、上揺れ枕と下揺れ枕間に枕バネを設けているが、このダイレクトマウント方式では下揺れ枕がない。上揺れ枕の上に枕バネを設け、車体が載っている。枕バネが車体に直結しているので、ダイレクトマウントと称する。

インダイレクトマウント台車、というものもあって、こちらは台車枠と上揺れ枕のあいだに枕バネがあり、大心皿台車とも呼ばれている。

揺れ枕をボルスタという。

なおボルスタアンカは牽引装置のことである。

［ボルスタレス台車］

枕装置がないのでボルスタレス台車という。台車の回転は空気バネが偏位することで得ており、このためボルスタレス台車に用いられる空気バネは大偏位空気バネという。

その特徴は低横剛性にある。通常の空気バネは上下に柔らかく前後左右に固い。つまり横剛性が高いが、ボルスタレス台車に用いる空気バネは前後左右方向にも、ある程度フレックスである必要がある。

このためとくに高速走行する車両や重心位置が高いダブルデッカー（二階建て）ではヨ

ーイングが発生するので、ヨーダンパが必要である。
一見するとメンテナンスが楽そうだが、実は微調整に結構手がかかる台車である。
こうした点から再び前記したダイレクトマウント式ボルスタ台車が見直されている。

［**ボックスペデスタル台車**］

車軸を支えて台車本体と結合させる軸箱支持方式の違いにより、ここから話を進めていく台車の名称が生まれた。

ボックスペデスタル式には軸バネ型とウイングバネ型がある。前者は軸箱の真上に軸バネを置き、軸箱はそれを左右からはさむ軸箱守に構（ガイド）があり、そこへおさまっている。別名をスリ板式という。シンプルな構造で分解組み立てが容易にできる反面、軸箱と軸箱守のあいだに隙間があって、ホコリが入りやすく、スリ板摩耗が進むとガタが出やすい。また高速走行で蛇行動が見られる。このため高速車両向きではなく、一〇〇km／h程度までの車両に使用例が多い。

ウイングバネ型は軸バネを車軸の左右に置き、天地寸法にゆとりがあるため、バネ定数を柔らかくできる。さらに軸箱の支持特性も向上するが、構造は若干複雑になる。このウイングバネ定数を柔らかくしてオイルダンパを並列に取り付けて減衰する例も見られる。

［**軸梁台車**］

台車中央から出したウデで軸箱を支持する台車で川崎ＯＫ台車がよく知られる。以前は使用例が少なく、京急や山陽に比較的まとまって使用されていた。しかし近年、ボルスタレス台車に勢力を急拡大している。シンプルでメンテが容易な台車だ。空気バネの発達が軸梁式と関係が深い。金属バネの軸梁台車は騒音が大きいといわれていた。

京急１０００形で使用したＯＫ‐１８台車が有名である。

［**シュリーレン台車**］

いわゆる円筒案内式台車の一種で、ウイングバネ台車と外観が似ているが、バネの中にダンパが入っており、オイルダンパ式を湿式、フリクションダンパ式を乾式ともいう。シュリーレン台車は近畿車輌製ＫＤ台車であるが、汽車会社製のシンドラ台車や川重ＫＷ台車も、この円筒案内式台車である。

後述するミンデン台車とともに、高速安定走行に優れている。

シュリーレン台車はスイスからの技術輸入である。

［ミンデン台車］

軸箱を板バネで台車枠に固定した台車で、ドイツのフンボルト社の技術を住友金属工業が導入した。当初はL字状板バネを用いたオリジナルであったが、台車長が長くなるため、台車中央方向から二枚の板バネで支持するSミンデンが主流となり、それにU型ゴムパッドを入れて剛性値を下げたものがSUミンデンである。

褶動部《しゅうどうぶ》がなくメンテに優れ、乗り心地も良好な台車であり、後述のアルストーム台車からミンデン台車に鞍替えした私鉄も多い。

［アルストーム台車］

住友金属工業がフランスのアルストーム社から技術導入したもので、軸箱を右右段違いに設けたリンクと軸バネで支持する。営団地下鉄３０００系ではウイングバネ式のアルストーム台車が用いられたが、これは大変珍しい。

この台車は長年にわたり小田急が採用してきたが、路盤が良好な小田急ならではの選択である。アルストーム台車は路盤や軌道整備がよくないと横ゆれが増幅する。これを「アルストームは暴れやすい」と鉄道ファンが言っているのをよく耳にする。

ボルスタレス台車に見られるモノリンク式はこのアルストーム式の変型である。

このほかに、シェブロン台車、パイオニア台車、エコノミカル台車、ゲルリッツ台車などがあるものの、広く普及していないか、またはすでに姿を消してしまったものが多い。イコライザー台車も大手私鉄で見かけなくなって久しい。

［**カルダン駆動**］

主電動機を台車枠に吊り、自在継手で車軸と台車枠との偏位を吸収して駆動力を伝達する分離駆動を指す。

タワミ板で行う方式を中実軸または中空軸平行カルダンと称し、東洋電機製造がスイスのブラウンボベリー社から技術導入したものである。通称をTDカルダンという。

一方、タワミ歯車で行う方式をWNドライブといい、こちらは三菱電機がアメリカのウエスティングハウス社から技術導入している。

大半の電車はTDカルダンかWNドライブであるわけだが、ほかに直角カルダンがあり、これは主電動機を車軸と九十度半転させて配置し、スプライン軸とスパイラルベベルギアで駆動力を伝達する。1950年代半ばから使用されたが、前記のTDカルダンやWNドライブに移行、大手では相鉄が5000形から9000系まで延々と使用したのみである。

一説では平行カルダンより乗り心地がよいと言われてもいるが、これは必然的にホイールベースが長くなるためである。

その昔は、日立がクイル式を開発したが、構造が複雑なために姿を消している。

いずれの方式も主電動機がバネ上質量（正確にはバネ中質量）となるので、軌道破壊力が小さくなる。ただしパイオニア台車などの一自由度系台車（後述）ではかならずしもこの限りではない。

余談だが、かつて小田急が４０００系ツリカケ車にパイオニア台車を用いたのは実に理にかなう合理的選択であった。

どの道、バネ下重量が重いのならと、パイオニア台車にしたものと思われる。

このパイオニア台車は軸バネがなく枕バネのみであるが、これを一自由度系台車という。軸バネと枕バネがあるものは二自由度系台車である。

〔鋳鋼台車〕

台車枠を一体鋳造した台車で、住友金属工業が得意とした技術であるが、今は造っていない。

鋳鋼台車は丈夫なことこの上ないものの、重量はかなり重くなる。前記したミンデン台車では、この一体鋳造された台車枠に三段ベローズ空気バネを組み合わせたものが一番乗り心地が柔らかい。

［**鋼板プレス溶接台車**］

現代の台車は、こちらの分類に属する。鋳鋼台車にくらべて軽量化できる。コの字鋼を突き合わせて溶接し、台車枠を中空とし軽量化したものもある。

［**ベローズ形空気バネ**］

ベローズとは、蛇腹の意。鉄道においては、通常、三段ベローズが大半で、中間リングがはめられており、その形状が提灯に似ていることからチョーチンベローズなどと仇名《あだな》されている。ひと時代昔の空気バネ構造である。

［**ダイヤフラム形空気バネ**］

ダイヤフラムを用いた一山構造をしたものであり、現在ではこちらが空気バネの主流を占める。ベローズ形空気バネとくらべてヘタリが少なく、メンテがしやすいのが特徴。ダイヤフラムの周囲を金属ケースでガードしたスミライド空気バネもある。空気バネ台車は空気圧を変化させることで車高を一定に保持できるために、金属バネのような車体の沈み込みがない。
この空気バネの内圧を検知することで搭載重量がわかり、これによって応荷重装置が制御されている。

［応荷重可変装置］

乗車人員の多少に影響されず加減速度を一定に保持する装置で、定員重量の二〇〇％程度までをカバーできる。
これにより運転士のノッチ操作、ブレーキ操作が容易になった。枕バネがコイルバネの場合は、停車中開扉時に枕バネのタワミを検知して用いる。

［オールステンレス車］

オールステンレス車を語るためには、従来の車体（構体という）を語る必要があるだろう。従来の車体は、主に炭素鋼を用いて製作されてきた。材料費が安価であり加工しやすいが、反面、重量が大きくなり腐食が経年とともに進行し約一〇年で大規模な補修が必要となる。また、初めから腐食分を見込んで肉厚を厚くするため、そのことからも重量増となる。さらに塗装することが不可欠で、これも定期的に塗り直す必要があるなど、メンテナンスに手がかかる。
そこで材料費は高価になるがステンレスが鉄道車両製作の中心になってきた。オールステンレス車が今では当たり前の時代である。

［アルミ合金車］
ステンレスとともにアルミ合金車も近年増加している。軽量化と加工のしやすさでステンレス車よりも優位だが、材料費はさらに高くなる。どちらを選択するか難しいところである。ステンレス車では日本車輌が開発した日車式ブロック工法が小田急３０００系、京王９０００系などで実用化されている。また、アルミ合金車ではＦＷＳ工法といって、アルミを摩《ま》擦《さつ》攪拌《かくはん》接合するもので、東武５００００系グループなどに見られる。この工法の利点は表面仕上げが美しく、無塗装アルミ車が実現した。

［超軽量ステンレス車］
ＪＲ東日本２０９系に始まり、Ｅ２１７系を経て、Ｅ２３１系で完成の域に達した超軽量車体であり、私鉄でも採用例がある。いわば極限設計とでもいうべきもので、外板など自動車並みに薄くなっている。従来、ステンレス外板の強度補強のために設けていたビー

ドリブがなく、平板ステンレスになっている。こうした車体はその後ＪＲのＥ２３３系で再度各部の強度を再検討し、現在では経済性と車体強度との両立がはかられ、より安全性の向上と車体のライフサイクルを延長した。

装置系・その他

［ＡＴＳ］

自動列車停止装置。停止信号手前で列車を自動的に停止させることを基本に設計されているが、各社ごとにさまざまな工夫をこらしたものが多い。点制御型といって、ある地点ごとに列車速度を照査する方式と、連続的に列車速度を照査する方式に大別できる。

またＡＴＳ動作に非常制動のみを用いるもの、常用制動を併用するものとがある。

ＡＴＳは、あくまでも停止信号を列車が突破しないための保安装置であるため、後述するＡＴＣのようなキメ細かな速度制御ができない。ＪＲのＡＴＳ-Ｓなどは本来の意味におけるＡＴＳとはいえないものである。

私鉄型ＡＴＳの大半と、ＪＲのＡＴＳ-Ｐ型はＡＴＣに近い保安度を有している。

［ＡＴＣ］
こちらも本文にも何度も登場した装置であるが、少々詳しく説明する。正式には、自動列車制御装置。列車速度を連続して監視し、ＡＴＳにくらべて、より多くの速度制限制御を行う。
ＣＳ‐ＡＴＣは車内信号式で、五キロ刻みで速度制御するものもある。最新のものは一段ブレーキ制御といって、停止信号までのあいだに不要なブレーキの操作をせず、列車を誘導する。これにより従来の多段式にくらべ列車の空走距離を少なくしている。
これで列車運行密度が高められる。

［ＡＴＯ］
自動列車運転装置。起動から停止までＡＴＣ信号を受信することで列車を自動制御するもので、運転士は発車時に起動ボタンを押すだけで列車は次駅まで自動的に加減速をして走行する。運転士は装置の監視要員に近い。非常時のみ手動介入すればよい。ＡＴＣとＴＡＳＣなど（駅定位置停止装置）の組み合わせでＡＴＯ装置を実現している。

［ＴＡＳＣ］

前項で出た駅定位置停止装置である。列車が駅へ進入して停車するまで運転士の手動ブレーキ操作を自動化したもので、ワンマン運行路線や地下鉄などで有用なシステムである。プラスマイナス三〇センチ程度の誤差で自動停車できる。

［ＣＴＣ］

列車集中制御装置。従来、各停車場ごとに信号掛り（係）がいて、場内信号、出発信号、ポイント操作を行っていたが、これらをすべて運行指令室から遠隔操作する装置である。

［絶対信号・許容信号］

出発信号機、場内信号機を「絶対信号機」という。これらが停止信号を現示した場合、列車はそれを越えて進入進出することはできない。一方、閉塞信号機は「許容信号機」といって、これが停止信号を現示し続けた場合、列車は一分間停車したあとに時速一五キロ以下で進入してよいことになっている。

閉塞信号機は人の意志が介しない信号だが、出発信号機、場内信号機は信号掛り、つまり人の意志が介入する信号として区別されている。

〔**複線・単線並列**〕

上り、下り二本の路線が並行している区間を複線というが、単線並列もある。

複線と単線並列は一見すると同じに見えるが、実は違う。

複線は列車の進行方向が一方に定められており逆走はできない。もし逆走すると信号が変わらず、踏切も作動しない。このため複線区間での逆走は危険である。単線区間は列車の進行方向が二方向となるので、信号保安システムもそのように作られている。

単線並列というのは単線を並設したもので、たとえば終端駅付近の一定距離区間を、この単線並列とする例がある。列車が上下線間に設けられた渡り線を通り転線し、たとえば下り列車が上り線を走行できるのも、その区間を単線並列で設計してあるからだ。

この違いを知る鉄道ファンは多くない。

事故などで、どうしても複線を逆走する必要が生じた時は、踏切道に保安要員を置くことが法令で定められている。

〔**連動装置**〕

これには電子連動装置と継電連動装置があるが、役割は同じで、信号やポイントを一定

表　ブレーキ制御方式の一覧

略記	方式
HSC	空気圧指令形
HRD	締切形（非演算形）
	空気圧演算形
	電気演算形
HRDA	電気演算形
HRA	電気演算形

進路に設定した場合、この設定進路を妨害する進路設定は、初めに設定した進路を列車が通過するまで設定できないようにする保安装置である。

これにより矛盾するような進路設定をできなくしている。

著者略歴
東京都に生まれる。マサチューセッツ工科大学を卒業、米国系航空会社客室乗務員を経て、鉄道・航空アナリストとなる。鉄道と航空の科学の第一人者。
著書には『大手私鉄比較探見 東日本編』『大手私鉄比較探見 西日本編』（以上、ＪＴＢパブリッシング）、『私鉄・車両の謎と不思議』（東京堂出版）、「シリーズ日本の私鉄」――『西武鉄道』『東京急行電鉄』『近畿日本鉄道』『阪急電鉄』『京阪電気鉄道』『西日本鉄道』『東京地下鉄』他（以上、毎日新聞社）など多数がある。

鉄道《てつどう》と電車《でんしゃ》の技術《ぎじゅつ》
――最新《さいしん》メカニズムの基礎知識《きそちしき》

二〇一三年五月一七日　第一刷発行

著者　広岡友紀《ひろおかゆき》
発行者　古屋信吾
発行所　株式会社さくら舎　http://www.sakurasha.com
東京都千代田区富士見一-二-一一　〒一〇二-〇〇七一
電話　営業　〇三-五二一一-六五三三　ＦＡＸ　〇三-五二一一-六四八一
編集　〇三-五二一一-六四八〇
振替　〇〇一九〇-八-四〇二〇六〇
カバー写真　広岡友紀
装丁　石間　淳
本文組版　朝日メディアインターナショナル株式会社
印刷　慶昌堂印刷株式会社
製本　大口製本印刷株式会社

ISBN978-4-906732-41-8